新编家常菜大全

孙铁成/编

黑龙江科学技术出版社
HEILONGJIANG SCIENCE AND TECHNOLOGY PRESS

图书在版编目（CIP）数据

新编家常菜大全 / 孙铁成编 . -- 哈尔滨 : 黑龙江科学技术出版社 , 2021.10

ISBN 978-7-5719-1153-9

Ⅰ . ①新… Ⅱ . ①孙… Ⅲ . ①家常菜肴—菜谱 Ⅳ . ① TS972.12

中国版本图书馆 CIP 数据核字 (2021) 第 195070 号

新编家常菜大全

XINBIAN JIACHANGCAI DAQUAN

孙铁成 编

责任编辑 马远洋

封面设计 林 子

图片制作

出 版 黑龙江科学技术出版社

地址：哈尔滨市南岗区公安街 70-2 号 邮编：150007

电话：（0451）53642106 传真：（0451）53642143

网址：www.lkcbs.cn

发 行 全国新华书店

印 刷 黑龙江龙江传媒有限责任公司

开 本 710 mm × 1000 mm 1/16

印 张 9

字 数 200 千字

版 次 2021 年 10 月第 1 版

印 次 2021 年 10 月第 1 次印刷

书 号 ISBN 978-7-5719-1153-9

定 价 49.80 元

目录

CONTENTS

春季烩双豆

原料

猪肉80克，山药90克，豌豆200克，蚕豆80克，土豆30克，蒜末、姜片各适量

调料

盐、鸡粉各3克，食用油适量

做法

①猪肉切细丁。
②去皮山药、去皮土豆切细丁。
③豌豆、蚕豆焯至断生，沥干待用。
④热锅注油，倒入蒜末、姜片爆香。
⑤倒入猪肉丁炒香。
⑥倒入其他食材，翻炒至食材熟透。
⑦加入盐、鸡粉调味。
⑧关火，盛入盘中即可。

甜椒炒杂蔬

原料

西蓝花、黄彩椒各60克，洋葱、荷兰豆各40克，胡萝卜、小油菜各30克，蒜末少许

调料

盐、鸡粉各3克，食用油适量

做法

①西蓝花切小朵；洋葱切块；黄彩椒去籽，切丝；胡萝卜去皮切丝；小油菜掰成片。
②锅中水烧开，放入荷兰豆、西蓝花，焯至断生。另用油起锅，放入蒜末爆香，倒入胡萝卜丝、洋葱，翻炒至软。
③放入小油菜和焯过水的食材，炒匀。
④加入盐、鸡粉，炒匀调味即可。

毛氏红烧肉

原料

带皮五花肉 300 克，西蓝花 100 克，大蒜瓣若干，姜片适量

调料

白糖、八角、桂皮、草果、豆瓣酱、白酒、食用油各适量，盐、鸡粉各 3 克，料酒、老抽各 8 毫升

做法

①五花肉汆去血水，切成 3 厘米方块，西蓝花切成朵，入水焯至断生。

②锅中油烧热，放白糖炒色，倒入八角、桂皮、草果、姜片爆香，再倒入大蒜瓣，炒匀。

③放入五花肉块，炒片刻，淋入料酒，倒入豆瓣酱炒匀，加盐、鸡粉、老抽炒匀调味。

④淋入白酒，盖上盖，小火焖 40 分钟至熟软，揭盖，转大火收汁。

⑤将西蓝花摆入砂锅底部，再摆放上红烧肉，倒入原汤汁，上火加热片刻即可。

丝瓜炒山药

原料

丝瓜 120 克，山药 100 克，枸杞 10 克，蒜末、葱段各少许

调料

盐 3 克，鸡粉少许，水淀粉 5 毫升，食用油适量

做法

①将洗净的丝瓜去皮，对半切开，再切成片。

②洗好去皮的山药切段，再切成片。

③锅中注入适量清水烧开，加入少许食用油、盐，倒入山药片，搅匀，再撒上洗净的枸杞，略煮片刻。

④倒入切好的丝瓜，搅拌匀，煮半分钟，至食材断生后捞出，沥干水分，待用。

⑤热油起锅，放入蒜末、葱段，爆香。

⑥倒入焯过水的食材，翻炒匀。

⑦加入少许鸡粉、盐，炒匀调味。

⑧淋入水淀粉，快速炒匀，至食材熟透。

⑨关火后盛出炒好的食材，装入盘中即可。

火爆猪肝

原料

猪肝 130 克，水发木耳 80 克，红椒 40 克，青椒 20 克，野山椒 20 克，蒜片适量

调料

盐 4 克，鸡粉 3 克，生抽 5 毫升，料酒 5 毫升，水淀粉、食用油各适量

做法

①猪肝用清水浸泡 1 小时，去血水。
②红椒、青椒切滚刀块；野山椒切段。猪肝切薄片。
③猪肝装碗，加入盐、生抽、料酒，再加入水淀粉，拌匀，腌渍 15 分钟。
④热锅注油，倒入蒜片、红椒、青椒、野山椒，炒香。
⑤倒入猪肝，炒至熟软，倒入洗净的木耳，快速翻炒至熟。
⑥加入盐、鸡粉、生抽，炒匀调味。
⑦关火后将炒好的食材盛入盘中即可。

清香茼蒿

原料

茼蒿 100 克，红椒 20 克

调料

盐 1 克，鸡粉 2 克，生抽、食用油各适量

做法

①洗净的茼蒿切段；红椒切丝。

②锅中注入适量清水烧开，加入少许盐，倒入适量食用油，加入茼蒿、红椒，搅拌匀，煮半分钟。

③把茼蒿、红椒捞出，沥干水分，装入碗中。

④加入剩余的盐、鸡粉、生抽拌匀调味即可。

包菜水晶粉

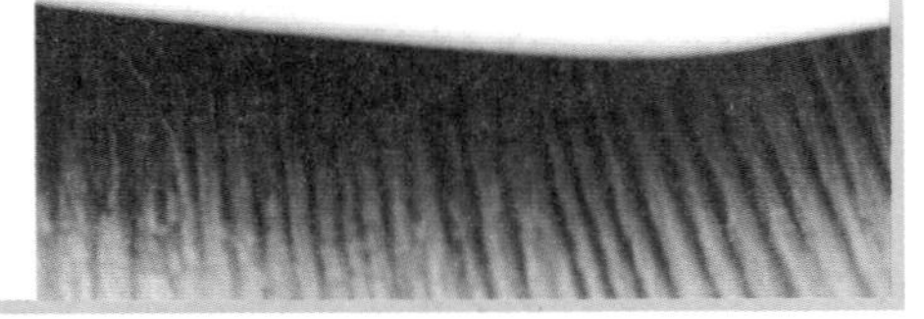

原料

水发水晶粉条 150 克，包菜 90 克，红椒 30 克，青椒 30 克，蒜末适量

调料

盐 2 克，鸡粉 2 克，生抽、食用油各适量

做法

①水晶粉条切成段。

②青椒切圈；红椒切圈；包菜切成丝。

③热锅注油，倒入蒜末爆香。

④倒入粉条炒匀，倒入红椒、青椒炒匀。

⑤倒入包菜炒匀，加入盐、鸡粉、生抽，炒匀调味。

⑥关火后将炒好的粉条盛入盘中即可。

蜜渍冬瓜

原料

冬瓜 500 克

调料

蜂蜜适量

做法

①冬瓜去皮去瓤，用清水洗净，拭干，切成条，用水焯过后取出待用。

②将冬瓜条在盘中铺一层，倒入两勺蜂蜜，再铺一层冬瓜条，再倒入两勺蜂蜜。

③如此反复，直到放入全部冬瓜条。

④放入冰箱腌渍 3 小时后，即可食用。

凉拌嫩芹菜

原料

芹菜 80 克，胡萝卜 30 克，蒜末、葱花各少许

调料

盐 2 克，鸡粉、芝麻油、食用油各适量

做法

①把洗好的芹菜切成小段；去皮洗净的胡萝卜切片，再切成细丝。

②锅中注入水烧开，放入食用油、部分盐，再下入胡萝卜丝、芹菜段，搅拌匀，焯至全部食材断生，捞出，沥干水分，待用。

③将沥干水的食材放入碗中，加入剩余的盐、鸡粉，撒上备好的蒜末、葱花，再淋入芝麻油，搅拌匀，使食材入味，即可。

春天的豆豆

原料

蚕豆100克，小米椒10克，蕨菜100克，蒜末适量

调料

盐3克，鸡粉3克，生抽5毫升，食用油适量

做法

①将洗净的蕨菜切成小段；小米椒切圈。

②锅内注水烧开，倒入蚕豆，煮至断生后捞出，沥干水分待用。

③热锅注油，倒入小米椒、蒜末爆香。

④倒入蚕豆、蕨菜炒匀。

⑤加入盐、鸡粉、生抽，炒匀调味。

⑥关火后将炒好的食材盛入盘中即可。

干煸四季豆

原料

四季豆200克，梅干菜50克，干辣椒10克，蒜末、葱白各适量

调料

盐、鸡粉各3克，生抽、料酒各5毫升，豆瓣酱5克，食用油适量

做法

①四季豆、干辣椒切成段。

②热锅注油，烧至四成热，倒入四季豆，滑油片刻，捞出待用。

③锅底留油，倒入蒜末、葱白、干辣椒爆香。

④倒入四季豆、梅干菜，快速翻炒均匀。

⑤加盐、鸡粉、生抽、豆瓣酱、料酒，翻炒至入味。炒好盛出装盘即可。

小炒土豆片

原料

土豆200克，五花肉50克，小米椒10克，蒜苗、蒜末各适量

调料

盐、鸡粉各3克，生抽5毫升，食用油适量

做法

①土豆切成片；五花肉切薄片。

②小米椒切圈；大蒜苗切成段。

③热锅注油，倒入五花肉，煎至微黄。放入蒜末、小米椒爆香。

④倒入土豆片炒至熟软。

⑤放入蒜苗翻炒匀，加入盐、鸡粉、生抽拌匀调味。

⑥将炒好的食材盛入盘中即可。

汗蒸老南瓜

原料

醪糟80克，老南瓜300克，枸杞适量

做法

①老南瓜去皮去瓤，切成块，装入碗中，待用。

②蒸锅注水烧开，放入老南瓜，加盖，用大火蒸10分钟至食材熟透。

③揭盖，倒出碗中水分，浇上醪糟，加盖，继续蒸5分钟。

④揭盖，取出蒸好的老南瓜，撒上枸杞即可。

蒜香四季豆

原料

四季豆 400 克，大蒜 10 克

调料

盐 2 克，食用油 1000 毫升

做法

①四季豆洗净去两头，撕去老筋，切成段。

②大蒜剥皮洗净，切成末。

③取炒锅，将炒锅擦干，锅内倒入食用油，将油加热至 120℃。

④倒入四季豆过油 1 分 30 秒（过油期间用网勺不断搅拌，防止粘锅），取出。锅内留少许底油。

⑤倒入四季豆翻炒片刻，加入准备好的盐调味，然后关火装盘。

宫保虾球

原料

虾仁 300 克，鸡蛋清适量，葱花、蒜末各少许

调料

盐 1 克，白糖 2 克，生抽、老抽各少许，米醋 2 毫升，水淀粉、淀粉、高汤、食用油各适量

做法

①锅中注油，倒入蒜末，炒香。依次加入高汤、生抽、老抽、白糖，再加入水淀粉，炒匀后关火。盛入碗里，宫保汁就做好了。

②虾仁去虾线，加入鸡蛋清和淀粉，搅拌均匀。

③锅中注油，烧至五六成热时，下入虾仁，炸至微微变色，捞出备用。

④锅中烧热少许油，倒入调好的宫保汁大火烧开。

⑤待锅里的汤汁收浓时倒入虾仁，加入盐翻炒匀。

⑥沿着锅边倒入米醋，撒入葱花即可。

剁椒鱼头

原料

鱼头 1 个，鱼丸 2 颗，剁辣椒、姜片、姜末、蒜片、蒜末、葱段、葱花各适量

调料

盐 3 克，料酒 10 毫升，鸡粉 3 克，胡椒粉 3 克，食用油适量

做法

①鱼头从顶部劈开，里外均匀地抹上盐，加入料酒、鸡粉、胡椒粉、葱段、姜片腌渍 15 分钟。

②把蒜片和剩下的葱段、姜片铺在盘中备用。

③鱼头放在盘中，在鱼嘴处放上鱼丸。

④往剁辣椒中放入姜末拌匀，然后把剁辣椒均匀地铺在鱼头上。

⑤蒸锅注水烧开，放入鱼头，蒸 10 分钟，然后关火闷 2 分钟。（时间主要根据鱼头的大小来定）

⑥将蒸好的鱼头取出，撒上蒜末、葱花。

⑦锅中倒入适量食用油，油烧到冒烟时关火。

⑧将热油浇在鱼头上，撒上葱花即可。

招牌生焗虾

原料

鲜虾 100 克，水发粉丝 80 克，红椒末、青椒末、葱末、姜末、蒜末各适量，西蓝花少许

调料

料酒 10 毫升，生抽 5 毫升，鸡粉、盐、食用油、水淀粉各适量

做法

①鲜虾洗净去除虾线、去壳，虾肉切开；把洗净的粉丝切段。

②虾肉加入鸡粉、盐拌匀，再加入水淀粉拌匀，淋入少许食用油腌渍 10 分钟。

③热锅注油，烧至四成热，倒入虾肉，滑油片刻后捞出。

④用油起锅，倒入葱末、姜末、蒜末爆香。

⑤倒入虾肉，加料酒炒香。

⑥倒入粉丝炒匀。

⑦加入盐、鸡粉、生抽，再淋入熟油拌匀。

⑧放入青椒末、红椒末快速翻炒匀。

⑨将食材摆入碗中，摆放上焯过水的西蓝花即可。

板栗煨白菜

原料

白菜 400 克，板栗肉 80 克，高汤 180 毫升

调料

盐 1 克，鸡粉少许

做法

①将洗净的白菜切开，再改切瓣，备用。

②锅中注入适量清水烧热，倒入备好的高汤，放入洗净的板栗肉，拌匀，用大火略煮。

③待汤汁沸腾，放入切好的白菜，加入盐、鸡粉，拌匀调味。

④盖上盖，用大火烧开后转小火焖 15 分钟，至食材熟透。

⑤揭盖，撇去浮沫，关火，将煮好的菜肴盛出，装入盘中摆好即可。

栗焖香菇

原料

去皮板栗 200 克，鲜香菇、胡萝卜各 50 克

调料

盐、鸡粉、白糖各 1 克，生抽、料酒、水淀粉各 5 毫升，食用油适量

做法

①板栗对半切开；香菇，切成小块；胡萝卜切滚刀块。

②用油起锅，倒入板栗、香菇、胡萝卜，翻炒，加入生抽、料酒，炒匀，注入适量清水，加入盐、鸡粉、白糖拌匀，加盖，煮开后转小火焖 15 分钟使其入味。

③用水淀粉勾芡。

④关火后盛出菜肴，装盘即可。

拔丝地瓜

原料

地瓜600克，玉米粉、鸡蛋清各60克，面粉12克，芝麻少许

调料

白糖50克，植物油适量

做法

①地瓜去皮，洗净，切成滚刀块，蘸层面粉。

②鸡蛋清倒入玉米粉中，搅成糊。

③锅中油烧到八成热，把裹好面粉的地瓜再裹上一层蛋清糊，放入油中浸炸。炸到浅黄色，捞出控油。

④锅中留底油，放白糖炒到金黄色，大泡变小泡，倒入地瓜块，快速翻炒均匀，盛入盘中，撒上芝麻即成。

玉米笋炒荷兰豆

原料

玉米笋80克，荷兰豆80克，去皮胡萝卜60克，蒜末适量

调料

盐、鸡粉各2克，食用油适量

做法

①洗净的玉米笋对半切开。

②胡萝卜切片。

③热锅注油，倒入蒜末爆香。

④倒入玉米笋、荷兰豆，炒至断生。

⑤倒入胡萝卜片，翻炒均匀。

⑥加入盐、鸡粉炒匀调味。

⑦将炒好的食材盛出即可。

巧拌萝卜丝

原料

胡萝卜 100 克，香菜适量

调料

盐、鸡粉各 3 克，生抽 5 毫升，红油少许，橄榄油适量

做法

①去皮胡萝卜切丝。
②锅内注水烧开，倒入胡萝卜丝煮至断生。
③将胡萝卜丝捞出，沥干水分，装入盘中，待用。
④取一碗，加入盐、鸡粉、生抽、红油、橄榄油拌匀，制成酱汁。将酱汁浇在胡萝卜丝上拌匀，撒上香菜即可。

清炒小油菜

原料

小油菜 100 克，红椒 30 克，蒜末适量

调料

盐 2 克，鸡粉 3 克，生抽 5 毫升，食用油适量

做法

①洗净的红椒切开，去籽，切成菱形块。
②小油菜撕成一片片，洗净。
③热锅注油，倒入蒜末爆香。
④倒入红椒块、小油菜炒至断生。
⑤加入盐、鸡粉、生抽炒匀调味。
⑥关火后将炒好的食材盛入盘中即可。

金针菇拌豆干

原料

金针菇 85 克，豆干 165 克，彩椒 20 克，蒜末少许

调料

盐 1 克，鸡粉 2 克，芝麻油 6 毫升

做法

①金针菇切去根部。

②彩椒切细丝，豆干切粗丝。

③锅中注水烧开，豆干焯水。金针菇、彩椒焯至断生，备用。

④取一个大碗，倒入金针菇、彩椒，放入豆干，拌匀。

⑤撒上蒜末，加入盐、鸡粉、芝麻油，拌匀。

⑥将拌好的菜肴装入盘中即可。

干炸茄盒

原料

茄子 1 根，猪肉馅 200 克，鸡蛋 1 个，面粉 100 克，葱末、姜末各适量

调料

色拉油 250 毫升，生抽 15 毫升，胡椒粉、料酒、芝麻油、盐各适量

做法

①猪肉馅加调料拌匀后腌渍 10 分钟。

②茄子切厚的斜片，中间切一刀，勿切断。夹入猪肉馅。

③鸡蛋打散后加入面粉和水搅拌成面糊。将茄盒裹上面糊。锅中油加热至七成热时，将茄盒逐个放入锅中，炸到茄盒两面呈金黄色后捞出即可。

腊八豆捞海参

原料

山药、海参各 200 克，青椒 60 克，腊八豆 50 克，朝天椒、姜片、葱段各适量

调料

盐、鸡粉各 3 克，生抽、蚝油各 6 毫升，白糖、料酒、水淀粉、高汤、食用油各适量

做法

①山药去皮，切片；朝天椒切圈；青椒切圈。
②将洗净的海参切成段，再切片。
③锅中注入适量清水烧开，加入少许盐、鸡粉，倒入切好的海参，搅拌匀，煮约 1 分钟，捞出，沥干水分，待用。
④用油起锅，放入姜片、部分葱段，爆香。
⑤倒入氽过水的海参，淋入料酒，炒匀提味。
⑥倒入山药，倒入备好的高汤，放入蚝油，淋入生抽。
⑦倒入腊八豆、青椒、朝天椒，再加入少许盐、鸡粉、白糖，炒匀调味。
⑧转大火收汁，再倒入适量水淀粉勾芡。
⑨关火后盛出炒好的菜肴，装入盘中即成。

黄花菜拌菠菜

原料

菠菜 500 克，黄菜花 10 克，枸杞 2 粒，姜末少许

调料

生抽、芝麻油各适量，白砂糖、盐、鸡粉各少许

做法

①菠菜去根，洗净，切成 6 厘米左右的段。
②向锅内放入适量的水，煮沸，放入菠菜，焯熟。
③将菠菜捞出，过凉水，沥干水分备用。同样将黄花菜焯熟，备用。
④将沥干的菠菜紧紧地压入一平底的容器内。
⑤将姜末、生抽、芝麻油、盐、鸡粉和白砂糖调成调味汁。
⑥将压紧的菠菜倒扣在盘子里，在上面点缀上黄花菜和枸杞。
⑦将调味汁浇在做好造型的菠菜上即可。

肉末苦瓜

原料

苦瓜 1 根，肉末 250 克，鸡蛋 1 个，西蓝花、蒜瓣、葱段、葱花、姜末各适量

调料

八角、花椒、盐、味精、食用油各适量

做法

①苦瓜洗净切段，去心。

②肉末加入鸡蛋、葱花、少许盐拌匀备用。

③西蓝花洗净掰块，入沸水锅中焯至断生，捞出晾干备用。

④将拌好的肉末填入去心的苦瓜段，摆好，放入锅中蒸 20 分钟至熟，然后与西蓝花一起摆盘。

⑤锅放油烧至七分热，放入八角、花椒炒香，下蒜瓣、葱段、姜末，爆炒至变色。然后捞出八角、花椒，加盐、味精，翻锅将汁浇在摆好的肉末苦瓜上即可。

干锅土豆片

原料

土豆 500 克，五花肉 80 克，洋葱半个，青蒜 1 棵，香芹 1 棵，干辣椒 4 个，大葱一段，姜 10 克，大蒜 2 瓣

调料

郫县豆瓣酱 15 克，料酒 10 毫升，生抽 10 毫升，食用油适量

做法

①土豆切成圆形片；五花肉切薄片；洋葱切丝；青蒜和香芹、干辣椒切小段；大葱切小段；姜切片；大蒜切片。
②锅中热油，土豆片用中火炸至呈金黄色，捞出沥油。
③锅留底油，放入五花肉片煸炒出油，下葱、姜、蒜爆香，放入郫县豆瓣酱，炒出红油。
④放入洋葱和香芹翻炒至断生，再放入炸好的土豆片，淋入生抽和料酒翻炒均匀，放入青蒜、干辣椒翻炒几下即可。

苦苣虾仁

原料

苦苣200克，蒜末适量，虾100克，青红椒丝、葱丝各少许

调料

香醋2汤勺，白糖1茶勺，盐1克，芝麻油适量

做法

①虾煮熟去壳。

②将苦苣洗净，撕成小段，加入虾仁。

③把香醋、白糖和盐调成汁。

④蒜末放进苦苣里，再倒进调味汁。

⑤加入芝麻油拌匀。装盘点缀上青红椒丝及葱丝即可。

竹荪四季豆

原料

竹荪50克，四季豆25克，笋片25克，木耳25克

调料

植物油、水淀粉、盐、鸡精各适量

做法

①将竹荪用水泡开，洗净切成段，四季豆洗净，备用。

②四季豆入油锅过油，其他食材焯水沥干。

③另起油锅，将所有原料倒入，炒熟后，用盐、鸡精调味，用水淀粉勾薄芡后略炒即可。

烧茄子

原料

茄子1个，西红柿1个，葱丝、蒜末、姜丝各适量，鸡蛋1个

调料

盐、味精、料酒、酱油、胡椒粉、淀粉、白糖、食用油各适量

做法

①将茄子切成滚刀块，西红柿切块。鸡蛋打入淀粉，调成糊。

②锅中油烧热。茄子挂糊，放入油锅中炸成金黄色，捞出。

③热油锅，下入葱丝、姜丝、蒜末炒出香味，下入茄子，放调料，加入适量水和西红柿块，烧透就成了香喷喷的烧茄子。

酱香肉末豆腐

原料

豆腐1块，瘦肉500克，葱10克

调料

拌饭酱、酱油、食用油、盐、淀粉各适量

做法

①瘦肉切末，放少许油、盐，加入酱油、淀粉拌匀；葱切成葱花；豆腐切成小方块。

②豆腐冷水入锅加盐焯水。

③烧热油锅，放进肉末大火煸炒，肉末变色后盛出。

④加入2汤匙的拌饭酱，煸香。

⑤加入豆腐，轻轻翻炒几下。加入肉末，注入2汤匙的水煮开。淋入酱油，翻拌均匀。撒入葱花，翻拌均匀即可。

老醋花生

原料

花生、洋葱各适量，尖椒、黄瓜各半个

调料

陈醋、蚝油、食用油各适量

做法

①锅里放好油后，用小火加热，放入花生炸熟。

②洋葱切丁，尖椒切丁，黄瓜切丁。

③把花生、洋葱、尖椒、黄瓜放在盘子里，加入蚝油、陈醋搅拌均匀即成。

白灼菜心

原料

菜心 150 克，姜丝、葱丝各适量

调料

盐 1 克，鸡粉 3 克，生抽 5 毫升，芝麻油、食用油各适量

做法

①将洗净的菜心修整齐后放入沸水锅中，烧开，加入食用油、盐煮至断生，捞出，装盘，待用。

②取小碗，加入生抽、鸡粉，再加入煮菜心的汤汁，放入姜丝、葱丝，再倒入芝麻油拌匀，制成味汁。

③将调好的味汁浇在菜心上即可。

虾皮香菇蒸冬瓜

原料

水发虾皮 30 克，香菇 35 克，冬瓜 600 克，姜末、蒜末、葱花各少许

调料

盐 1 克、鸡粉 2 克，生粉 4 克，生抽、料酒各 4 毫升，芝麻油、食用油各适量

做法

①冬瓜切成薄片；香菇切成碎末。

②虾皮中倒入香菇，撒上姜末、蒜末，加入盐、鸡粉，淋入生抽、料酒，倒入芝麻油，撒上生粉，浇入适量食用油，拌匀，制成海鲜酱料。

③冬瓜码盘，铺上海鲜酱料。

④上蒸锅蒸熟，趁热撒上少许葱花即可。

西芹核桃

原料

核桃仁 100 克，西芹 2 根，生姜 1 块，胡萝卜少许

调料

盐 1 克，橄榄油 20 毫升

做法

①将胡萝卜刻成枫叶状备用。

②西芹斜切成小段，生姜切片。

③西芹入开水中焯 1 分钟左右，捞出备用。

④锅中倒入橄榄油，烧至五成热，放入姜片炒香，放入西芹炒 30 秒左右，放入核桃仁炒 1 分钟。

⑤加入盐，起锅，装盘后点缀上胡萝卜即可。

上海青炒滑子蘑

原料

上海青 100 克，滑子蘑 150 克，红辣椒少许

调料

食用油、盐、鸡精、生抽、蒜末各少许

做法

①将上海青及红辣椒洗净。锅中加水烧开，放入上海青焯熟，捞出过凉水，控干水分，对半切开备用。红辣椒切段备用。

②锅中换水烧开，加滑子蘑煮 10 分钟，捞出过凉水，控干水分备用。

③锅中加油，烧至六成热加蒜末爆香，放滑子蘑、红辣椒翻炒，加盐、生抽、鸡精调味。

④将上海青摆盘，将滑子蘑盛放在上面即可。

鸡肉丸子

原料

胡萝卜 1 根，鸡胸肉 1 块，鸡蛋 1 个

调料

盐、黑胡椒碎、姜蒜粉各少许，橄榄油 60 毫升

做法

①将烤箱预热到 200℃，胡萝卜去皮切片，鸡胸肉切成小块。

②将胡萝卜片、鸡胸肉块放入破壁机，把鸡蛋打入，倒入橄榄油，放入盐、黑胡椒碎、姜蒜粉。

③开启破壁机的蔬果功能，搅打 1 分钟。

④开启破壁机的酱汁功能，搅打 1 分钟（此过程中如果听到机器在空转，需要停下机器用长筷子把食材往下压一压再搅打）。

⑤把肉泥用勺子挖出，做成一个个小丸子（右手持小勺子挖出一勺肉泥，把肉泥往左手上轻轻摔，再兜起来摔到左手，几次后就成形了），烤盘刷油，把小丸子排在烤盘上，放入预热好的烤箱中，烤 15 分钟左右，看到丸子表面上色即可。

美味烤羊排

原料

羊排 1000 克，洋葱 1 个，煮熟的甜玉米粒、生菜各适量

调料

盐、食用油、花椒各适量，孜然粉 50 克，黑胡椒 10 克

做法

①花椒泡水。

②洋葱切丝，将花椒和水全部倒入盛洋葱的容器中，加适量盐抓匀。

③羊排洗净，沿骨缝切开，放进洋葱花椒水中两面搓匀，多搓一会儿，然后腌渍 3 小时。

④烤箱上下火 200℃预热 10 分钟，烤盘刷油或铺锡纸，将羊排上的花椒和洋葱用刷子刷掉，羊排放烤盘上放进烤箱，烤约 35 分钟。

⑤取出羊排来刷上油，撒上孜然粉和少许盐，再烤 10 分钟，最后放上黑胡椒再烤 2 分钟。

⑥取出羊排放入铺有生菜的盘中，再撒上甜玉米粒即可。

浇汁土豆泥

原料

土豆、泡发木耳、竹笋、熟鹌鹑蛋、上海青各适量，葱花少许

调料

盐、酱油、花椒粉、水淀粉、食用油各适量

做法

①先将土豆洗净，连皮一起煮熟（能用筷子扎透就是熟了），取出。
②把土豆放在冷水里浸一下，待土豆凉后把皮剥掉。
③把土豆捣散，加少许盐拌匀，制成土豆泥。
④上海青洗净，焯熟装盘，放入土豆泥。
⑤将锅烧热放油，放入木耳、竹笋翻炒片刻。
⑥放入葱花、酱油和花椒粉炒香。
⑦放小半碗水和熟鹌鹑蛋，煮开，放盐调味。
⑧将水淀粉倒入锅中勾薄芡，待汤汁稍微浓稠关火。
⑨将煮好的汤汁浇到摆好盘的土豆泥上即可。

皮蛋冻

原料

鸡蛋4个，皮蛋2个

调料

盐1克，食用碱2克，食用油适量

做法

①将鸡蛋在碗里打散。加入盐、食用碱，搅拌均匀。

②将皮蛋切碎，放入鸡蛋液里。

③模具里刷一层食用油，倒入鸡蛋液。

④在模具外裹上一层保鲜膜，用牙签扎几个洞。

⑤将模具放入蒸锅。水开后，蒸6分钟，然后关火闷5分钟。

⑥取出菜肴，凉凉，切成片，摆盘即可。

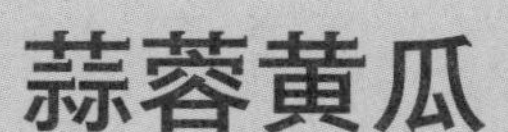

蒜蓉黄瓜

原料

黄瓜300克，大蒜适量

调料

芝麻油、盐、陈醋、白砂糖、蚝油、葱花各适量

做法

①黄瓜洗净去皮，切段。

②大蒜切碎装碗，加入盐、白砂糖、蚝油、陈醋、芝麻油，拌匀。

③淋在黄瓜条上，撒上葱花即可。

凉拌海带丝

原料

干海带、蒜泥、葱末、芝麻各适量

调料

盐、白糖、酱油、陈醋、芝麻油、味精各适量

做法

①干海带洗干净后水发，勤换水。

②取泡发好的海带切丝，在开水中焯一下，沥干水分，装盘。

③加蒜泥、葱末、盐、白糖、酱油、陈醋、芝麻油、味精、芝麻，拌匀即可。

胡萝卜炒粉条

原料

粉条 200 克，胡萝卜 200 克，蒜适量

调料

盐、白糖、鸡精、食用油、豆瓣酱各适量

做法

①胡萝卜去皮切丝。蒜切成末。

②粉条用水煮透捞出，用剪刀剪几下。

③锅放火上，添入少许底油，五成油温时下入豆瓣酱炒出香味，盛出待用。

④另起锅，加入油，下入蒜末，炒出香味后加入胡萝卜，炒至断生。

⑤放入粉条，倒入炒香的豆瓣酱，加入少许水和盐、鸡精、白糖调味，翻炒均匀，炒熟后装盘即可。

青豆烧茄子

原料

青豆200克，去皮茄子200克，蒜末、葱段各少许

调料

鸡粉2克，生抽6毫升，盐、水淀粉、食用油各适量

做法

①茄子切成小丁块。青豆加盐、油焯水。

②锅中加适量油烧至五成热，倒入茄子丁，炸半分钟，至其色泽微黄，捞出。

③锅底留油，放入蒜末、葱段，炒香，倒入青豆、茄子丁，炒匀，加入盐、鸡粉，炒匀调味，淋入生抽，炒软，倒入适量水淀粉，大火翻炒至食材熟透即可。

菠菜芝麻豆腐

原料

豆腐200克，熟芝麻15克，菠菜100克

调料

芝麻酱25克，酱油10毫升，白糖2克，盐3克，味精2克，芝麻油5毫升，食用油适量

做法

①豆腐切小丁，用热油炸至表面金黄。

②菠菜切成段，焯水。

③碗中放入芝麻酱、酱油、白糖、盐、味精、芝麻油，调成汁。

④盘中放入炸过的豆腐，上面放菠菜。

⑤把调好的汁浇上，撒上熟芝麻即可。

椒香排骨

原料

肋排 500 克，葱花适量

调料

香醋 15 毫升，盐 1 克，白糖 15 克，味精 3 克，料酒、生抽、老抽、食用油各适量

做法

①肋排切段，放入锅中煮 30 分钟，取出。
②肋排用料酒、生抽、老抽，香醋腌渍 20 分钟。捞出控干，入油锅中，炸成金黄色。
③锅内留底油，放排骨、腌排骨的料汁、白糖、半碗肉汤，大火烧开，调入盐提味。
④小火焖 10 分钟，放味精大火收汁。
⑤装盘撒入葱花即可。

梅菜蒸肉

原料

五花肉 500 克，梅菜 200 克

调料

生抽 50 毫升

做法

①梅菜充分浸泡，洗净，去掉腌渍的咸味。
②将梅菜切碎，五花肉切肉块。
③将五花肉放入生抽中腌渍一会儿。五花肉与梅菜混合，拌匀，放入锅中蒸，大火烧开后改小火慢蒸出汁。
④ 15 分钟左右熄火。一盘美味的梅菜蒸肉就出锅了。

水晶蔬菜卷

原料

肠粉 100 克，胡萝卜半根，苦苣 50 克，黄瓜 1 根，鸡蛋 2 个，香菇 50 克，香菜 5 克

调料

盐、食用油各适量

做法

①将肠粉倒入一大碗中，加入 100 毫升清水，用小勺搅拌均匀。
②方形底烤盘刷薄油，盛入适量肠粉浆 (薄薄铺满盘底即可)。
③炒锅放大半锅水，烧开，将烤盘放入锅内。
④盖上锅盖，大火煮 3 分钟左右，至粉皮鼓起关火，取出将粉皮揭下。
⑤将粉皮从中对剖成长方形备用。
⑥香菜、苦苣切段备用，胡萝卜、黄瓜切丝，香菇切条后用水焯一下。
⑦锅中放油烧热，然后倒入胡萝卜丝、香菇条，加盐翻炒片刻，装盘备用。
⑧鸡蛋打入碗中，搅匀；放入油锅煎成鸡蛋饼，取出切丝备用。
⑨取粉皮，放入备好的食材卷起包好切段，装盘即可。

巴蜀猪手

原料

猪手 2 个，葱花适量

调料

盐 5 克，酱油、料酒各 6 毫升，陈皮、醋各少许，食用油、花椒、干辣椒各适量，冰糖 3 克

做法

①将猪手分块，洗净，焯水。

②凉油下锅，放入冰糖，炒色，放入猪手，来回翻炒。

③下入花椒、干辣椒、陈皮，炒出香味。

④加水没过猪手，加酱油、料酒、醋，大火烧开，小火慢炖。

⑤快收干水分的时候，开大火，加盐微炖，关火，放上葱花即可。

粉蒸牛肉

原料

牛肉 300 克，蒸肉米粉 100 克，蒜末、香菜碎、葱花各少许

调料

盐 1 克，鸡粉 2 克，料酒 5 毫升，生抽 4 毫升，蚝油 4 毫升，水淀粉 5 毫升，食用油适量

做法

①处理好的牛肉切成片，待用。

②取一个碗，倒入牛肉，加入盐、鸡粉，放入料酒、生抽、蚝油、水淀粉，搅拌均匀，加入蒸肉米粉，搅拌片刻，取一个蒸盘，将拌好的牛肉装入盘中。

③蒸锅上火烧开，放入牛肉，盖上锅盖，大火蒸 20 分钟至熟透。

④取出蒸好的食材装盘，放上蒜末、香菜碎、葱花；锅中注入食用油，烧至六成热，将烧好的热油浇在牛肉上即可。

农家扣肉

原料

猪五花肉 200 克，葱段、姜片、葱花各适量

调料

盐 1 克，味精 3 克，酱油 10 毫升，八角、花椒、水淀粉各适量

做法

①将五花肉煮至八成熟捞出，切成手指宽的大片。

②按肉皮在下的摆放方式，将切好的肉一片挨着一片码在碗里。

③将八角、花椒、葱段、姜片摆放在肉上。

④将盐、味精、酱油用热水调和，倒入碗中，以没过肉为准。

⑤起锅烧水，把肉碗放入屉中，盖上一个盘子，封住碗口，以使蒸汽不会滴入碗内。

⑥蒸锅水开后，改小火蒸 45 分钟。

⑦取出肉碗，控出汁水，汁水留用。

⑧取一盘子扣在肉碗上，然后双手抓住盘子与肉碗翻过来，把碗取下。

⑨另起锅，将汁水倒进锅内，加入盐，用水淀粉勾成薄芡，淋在扣肉上。

⑩撒上葱花即可。

照烧排骨

原料

猪小排 1000 克

调料

照烧酱 150 克，料酒 20 毫升，食用油适量

做法

①把排骨沿骨缝将肉划开，用叉子在肉厚的地方扎几下。

②煎锅烧热，加食用油。放入排骨小火慢煎，一面煎至金黄，再煎另一面，烹入料酒。

③煎熟后，把照烧酱倒在排骨上，小火煨至汤汁收浓，取出凉凉，切大块装盘即可。

华天红烧肉

原料

带皮五花肉 500 克，土豆 500 克，葱花少许

调料

盐 4 克，鸡精 3 克，冰糖 20 克，番茄酱 50 克，生抽、料酒各 15 毫升，食用油适量

做法

①土豆和带皮五花肉洗净切成方块。

②土豆装碗，放适量盐，拌匀，用锅蒸熟。

③起油锅，放冰糖炒色，倒入五花肉，翻炒至上色。淋入料酒炒香，加入番茄酱、生抽、盐、鸡精炒匀，加适量清水，加盖用小火焖 45 分钟。

④大火收汁，盛出五花肉，码放在蒸熟的土豆上，撒上葱花即可。

生姜蒸猪心

原料

猪心 200 克，红椒 10 克，葱段、姜片各适量

调料

酱油 3 毫升，白糖 2 克，料酒 4 毫升，淀粉、食用油各适量

做法

①将猪心清洗干净，洗净血水，切成薄片。

②将红椒洗净，切成圈。

③将猪心片放在盘子中，放入红椒、葱段、姜片，加入淀粉、酱油、食用油、白糖、料酒，用手抓匀，静置 30 分钟，腌渍入味。

④将腌渍好的猪心放进电饭锅里，隔水蒸 8 分钟即可。

松仁玉米

原料

新鲜玉米 1 根，松仁 50 克，青豆、葡萄干、枸杞各适量

调料

盐 1 克，糖 3 克，牛奶 15 毫升，食用油适量

做法

①将玉米煮熟后剥粒。

②松仁放入锅中，用小火焙香，表面泛油光时，盛出冷却。

③锅中油烧至七成热时，倒入玉米粒、青豆、葡萄干、枸杞，翻炒 1 分钟。

④加入盐、糖、牛奶，搅匀；待牛奶快收干汤汁时，放入松仁，搅匀即可。

湖南小炒肉

原料

五花肉 300 克，青椒 100 克，姜片、蒜末各适量

调料

盐、鸡粉各 3 克，老抽、料酒各 4 毫升，豆瓣酱 5 克，食用油适量

做法

①五花肉切块；青椒斜切块。
②热锅注油，倒入五花肉，炒至出油。
③加入老抽、料酒，炒香。
④倒姜片、蒜末炒香，加入豆瓣酱，翻炒匀。
⑤倒入青椒，炒至断生。
⑥加入盐、鸡粉，炒匀调味即可。

香干小炒肉

原料

猪肉 200 克，香干 100 克，青椒 80 克，红椒 70 克，蒜苗、蒜末各适量

调料

盐 3 克，鸡粉 3 克，生抽、食用油各适量

做法

①猪肉切成片；香干切片。
②青椒、红椒切圈；蒜苗切成段。
③热锅注油，倒入蒜末爆香。
④倒入猪肉炒至转色，倒入青椒、红椒翻炒至断生。倒入香干炒匀。
⑤加入盐、鸡粉、生抽，炒匀调味。
⑥倒入蒜苗炒匀，将炒好的食材盛出即可。

海马炖猪腰

原料

猪腰300克，猪瘦肉200克，姜片、海马各8克

调料

盐2克，鸡粉2克，料酒8毫升

做法

①猪瘦肉切丁。猪腰去筋膜，再切片。

②切好的瘦肉及猪腰加料酒汆至断生。

③热锅倒入海马，炒至其呈焦黄色，装盘待用。

④砂锅中注水烧开，倒入汆过的猪腰和瘦肉，放入海马，撒上姜片，淋入料酒，盖上盖，煮至食材熟透。

⑤加入鸡粉、盐，拌匀调味，盛出即可。

粉丝糯香掌

原料

熟鸭掌80克，水发粉丝100克，肉末70克，红椒末、葱花、姜末、葱白各适量

调料

盐、鸡粉、白糖各3克，食用油、料酒、生抽各适量

做法

①用油起锅，倒入肉末炒至出油，倒入红椒末、姜末、葱白炒香，加料酒、生抽炒匀，加盐、鸡粉、白糖炒匀。

②砂锅置火上烧热，淋入少许食用油，放上熟鸭掌、切段的粉丝，加少量水烧开。

③小火煮熟，大火收汁，关火，撒上葱花即可。

韭菜炒核桃仁

原料

韭菜 200 克，核桃仁 40 克，彩椒 30 克

调料

盐 1 克，鸡粉 2 克，食用油适量

做法

①将韭菜切成段；彩椒切成粗丝。

②锅中注入清水烧开，加入盐，倒入核桃仁搅匀，煮至入味后捞出，沥干水分，待用。

③用油起锅，烧至三成热，倒入核桃仁，略炸片刻至水分全干，捞出沥油待用。

④锅底留油烧热，倒入彩椒丝，用大火爆香，放入韭菜，翻炒至其断生，加入盐、鸡粉，炒匀调味，再放入核桃仁快速翻炒至食材入味。

⑤关火后盛出炒好的食材，装入盘中即可。

黄豆芽木耳炒肉

原料

黄豆芽 100 克，猪瘦肉 200 克，水发木耳 40 克，蒜末、葱段各少许

调料

鸡粉 2 克，水淀粉、蚝油各 8 毫升，料酒 10 毫升，盐、食用油各适量

做法

①木耳切成小块；猪瘦肉切成片。
②把肉片装入碗中，加入少许盐、鸡粉、水淀粉拌匀，腌渍至入味。
③锅中注入清水烧开，加入盐，放入木耳，淋入食用油煮半分钟，加入黄豆芽，再煮半分钟，将食材捞出，沥水备用。
④用油起锅，倒入肉片，快速翻炒至变色，放入蒜末、葱段，翻炒出香味，倒入木耳和黄豆芽，淋入料酒，炒匀，加入盐、鸡粉、蚝油，炒匀调味，倒入水淀粉，快速翻炒均匀，关火后盛出即可。

营养焖鸡

原料

收拾干净的鸡半只，板栗肉 300 克，红椒、青椒各 50 克，洋葱 30 克，姜片 20 克

调料

盐 3 克，生抽、料酒各 20 毫升，老抽 5 毫升，食用油适量

做法

①把鸡洗净斩成小块；红椒、青椒洗净，切成丁；洋葱洗净，切成丁；板栗肉洗净备用。
②把鸡块倒入沸水锅中，加少许料酒煮沸，汆去血水，捞出待用。
③起油锅，放入姜片爆香，倒入鸡块炒匀。
④淋入料酒炒香，倒入板栗肉、红椒丁、青椒丁、洋葱丁，炒匀。
⑤加入盐、生抽、老抽炒匀，加适量清水煮沸。
⑥将锅中食材转入砂锅中煮沸，加盖转小火焖 20 分钟即可。

酸汤肥牛

原料

肥牛片200克，金针菇1把，绿豆粉丝50克，姜末10克，蒜末10克，香葱碎10克，高汤50毫升

调料

生抽10毫升，花椒10粒，鸡精10克，陈醋15毫升，蒜蓉辣酱15克，白胡椒粉25克，芝麻油15毫升，食用油适量

做法

①肥牛片提前从冰箱取出解冻；金针菇切去根部，洗净备用；绿豆粉丝提前用温水浸泡30分钟至软。

②锅内烧开一锅水，放入金针菇焯1分钟捞出，放入绿豆粉丝焯1分钟捞出。

③炒锅内放入油，放花椒，用小火炸出香味，花椒转为焦色时捞出，放入姜末、蒜末炒出香味。

④加入高汤、蒜蓉辣酱、陈醋、生抽、白胡椒粉、鸡精大火煮开。

⑤加入金针菇、绿豆粉丝、肥牛片，煮至肥牛片由红转为白色，撒上香葱碎。

⑥炒锅内放芝麻油烧热，趁热淋在香葱碎上即可。

青椒滑炒肉

原料

猪肉 200 克，青椒 60 克，葱段、姜片各适量

调料

盐 3 克，生抽 5 毫升，醋 8 毫升，料酒 10 毫升，食用油适量

做法

①将青椒切成段。猪肉切成片，加入 2 克盐、料酒、少许食用油，拌匀后腌渍 10 分钟。
②锅里放油，油热后将肉片下锅，不断滑炒。
③加入醋、生抽、葱段、姜片爆香，加入青椒段、盐，翻炒均匀即可出锅。

香焖牛肉

原料

牛肉块 200 克，八角、草果各 3 个，姜片、蒜瓣各适量

调料

盐 3 克，生抽 5 毫升，黄豆酱 5 克，水淀粉、食用油各适量

做法

①热锅注油烧热，倒入蒜瓣、姜片、八角、草果炒香。淋入生抽，翻炒均匀。
②倒入黄豆酱，翻炒上色。
③倒入牛肉块，注入少许清水，炒匀，加入盐，快速炒匀调味，盖上锅盖，煮开后转小火焖 20 分钟至熟软。
④揭盖，淋入少许水淀粉，翻炒片刻收汁。
⑤将炒好的牛肉盛出装入碗中即可。

桂花蜂蜜蒸萝卜

原料

白萝卜片 260 克

调料

蜂蜜 30 毫升，桂花 5 克

做法

①在白萝卜片中间挖一个洞。
②取一盘，放入挖好的白萝卜片，加入蜂蜜、桂花，待用。
③取电蒸锅，注入适量清水烧开，放入白萝卜。
④盖上盖，将时间调至“15”分钟。
⑤揭盖，取出白萝卜。
⑥待凉即可食用。

酱香鸭子

原料

收拾干净的鸭子半只，葱 2 段，姜 5 片

调料

八角、桂皮、花椒、丁香、甘草、草果、陈皮、料酒、酱油、老抽、冰糖各适量

做法

①鸭子洗净，锅中放水，放料酒 10 毫升、葱 1 段、姜 2 片，烧开后放入鸭子汆去血水，捞出鸭子，用凉水冲洗，沥干水分。
②把鸭子皮朝下放入压力锅，放入葱、姜及所有调料，加水 250 毫升。
③用压力锅煮熟后关火，另取炒锅，放入鸭子及少量压力锅中的汤汁，大火收汁。
④将鸭肉出锅凉凉后切块，装盘即可。

韭香椒汁肥牛

原料

肥牛卷300克，韭菜80克，小米椒少许，高汤适量

调料

盐2克，鸡粉2克，料酒10毫升，食用油适量

做法

①洗净的小米椒切圈；洗净的韭菜切碎待用。

②肥牛卷入水汆后捞出，沥干水，待用。

③起油锅，倒入肥牛卷，加入料酒炒香。

④倒入高汤，煮沸。倒入韭菜、小米椒圈，加入盐、鸡粉，拌匀调味。

⑤关火后将煮好的食材盛出装碗即可。

小炒黄牛肉

原料

黄牛肉150克，小米椒50克，香菜30克，姜丝、蒜末各适量

调料

盐3克，鸡粉3克，生抽5毫升，食用油适量

做法

①黄牛肉切片；小米椒切圈；香菜切段。

②热锅注油，倒入蒜末、姜丝爆香，倒入黄牛肉炒至转色。

③倒入小米椒炒至断生。

④加入盐、鸡粉、生抽，炒匀调味。

⑤倒入香菜，快速翻炒匀。

⑥关火后将炒好的食材盛入盘中即可。

粉蒸鸭肉

原料

鸭肉块350克，蒸肉米粉50克，水发香菇110克，葱花、姜末各少许

调料

盐2克，甜面酱30克，五香粉5克，料酒5毫升

做法

①取一个蒸碗，放入鸭肉块，加入盐、五香粉。加入料酒、甜面酱，倒入香菇、葱花、姜末，搅拌匀。倒入蒸肉米粉，搅拌匀。

②蒸锅上火烧开，放入盛鸭肉的蒸碗，盖上锅盖，大火蒸至熟透。

③开盖，将鸭肉取出，倒扣在盘中即可。

砂锅煲

原料

五花肉300克，油菜适量

调料

食用油、盐、淀粉、酱油各适量

做法

①把五花肉洗干净，切片，装在盘子中。

②加入适量的盐、淀粉、酱油腌渍15分钟。

③把油菜洗干净，切好，放在砧板上待用。

④锅中倒入少量油，油热后，把腌渍好的五花肉倒入锅中大火翻炒。

⑤五花肉翻炒出香味后，把油菜倒入锅中继续大火翻炒。加入少许水，大火炒匀，转至砂锅中继续加热，至汤汁被肉吸收即可关火。

虎皮鸡爪

原料

鸡爪800克，核桃仁、姜末、蒜末、葱段各适量

调料

八角2个，盐1克，五香粉5克，生抽15毫升，料酒15毫升，白醋20毫升，鸡精3克，花椒、食用油、蜂蜜各适量

做法

①锅里放水，将一半姜末放入锅中煮开，放入鸡爪煮开，继续煮2分钟。煮好的鸡爪冲凉水后，晾干。

②将蜂蜜和白醋兑好，均匀地刷在鸡爪上，一面刷好翻面再刷。刷后晾干。

③锅里注油，油烧热迅速下入鸡爪，翻炸防止鸡爪粘锅。

④将炸好的鸡爪直接捞入冰水中，浸泡2小时后，沥干水分。

⑤锅中留少许油加热，放入姜、蒜、葱、花椒、八角煸炒出香味，放入五香粉炒匀。加水、料酒、生抽、盐，煮开。

⑥放入鸡爪及核桃仁，大火烧开，小火煮10分钟，放入鸡精，关火浸泡鸡爪至入味即可。

蒜香鸡翅

原料

鸡翅 400 克，大蒜 25 克，青椒、红椒各 25 克，洋葱 30 克，芝麻 15 克

调料

白糖 5 克，料酒 15 毫升，盐适量，味精 2 克，芝麻油 2 毫升，色拉油 100 毫升

做法

①将鸡翅洗净备用。
②大蒜拍碎制成蒜蓉。
③取一碗，放入鸡翅，加入 20 克蒜蓉、10 毫升料酒、少许盐、味精腌渍 3 小时。
④将青椒、红椒和洋葱切成小粒。
⑤起锅上火，倒入色拉油，油烧至六成热时，放入鸡翅，炸熟捞出（大约 8 分钟）。
⑥锅中留少许油，下入青椒粒、红椒粒、洋葱粒和蒜蓉，炒出香味。
⑦放入盐、白糖、料酒、芝麻油、芝麻，放入炸好的鸡翅，翻炒几下出锅，只挑出鸡翅装盘即成。

熘肉段

原料

瘦猪肉、青椒、红椒、葱、蒜各适量

调料

酱油、蚝油、米醋、料酒、胡椒粉、淀粉、鸡精、白糖、盐、食用油各适量

做法

①瘦猪肉切小块，青椒、红椒切菱形片，葱切段，蒜切片。

②把酱油、蚝油、米醋、料酒、胡椒粉、淀粉、鸡精、白糖、盐和水混合均匀，制成料汁。

③锅中注油加热，淀粉加水调成面糊，把猪肉裹上面糊后下入锅中，将猪肉炸至呈金黄色时捞出。

④锅中留底油加热，放入葱、蒜爆香，下入青椒和红椒，倒入料汁，翻炒均匀。

⑤将猪肉回锅，继续翻炒，待汤汁收至浓稠即可出锅。

排骨茄子煲

原料

茄子 2 个，排骨 250 克，蒜蓉、姜末、葱段、葱花各适量

调料

盐、食用油、鸡粉、白糖、生抽、豆豉、黄酒、蚝油各适量

做法

①茄子洗干净切成小长条，水开后上锅蒸 10 分钟。

②锅里下少许油，加入一半的蒜蓉、姜末、葱段炒香，再加入蒸好的茄子炒均匀，加入鸡粉、盐、白糖、生抽炒均匀后盛出备用。

③锅里油烧热后把剩下的蒜蓉、姜末、葱段及豆豉下锅爆香，加入排骨炒均匀，加入盐、黄酒、鸡粉、白糖、生抽、蚝油炒匀，加入少量的热水，盖盖煮到水分收干一点儿。

④砂锅里放少许的油，倒入茄子，再倒入排骨，继续翻炒均匀。盖上盖，小火煮 10 分钟后加入葱花即可。

豆豉蒸排骨

原料

排骨300克，葱花适量

调料

豆豉酱10克，白糖2克，盐1克，生抽5毫升，蚝油5毫升，生粉适量

做法

①取一大碗，放入洗净的排骨，加入豆豉酱、白糖、盐、生抽、蚝油、生粉，拌匀，盖上保鲜膜，待用。

②电蒸锅注水烧开，放入食材，盖上盖，蒸20分钟。

③揭盖，取出食材，揭开保鲜膜，撒上葱花即可。

酸甜炸鸡块

原料

鸡胸肉300克，面包糠100克，鸡蛋1个，熟白芝麻少许

调料

番茄酱60克，盐1克，鸡粉3克，辣椒粉3克，食用油适量

做法

①鸡胸肉切块，加入盐、鸡粉、辣椒粉、食用油拌匀，腌渍10分钟至入味。

②鸡块依次沾上蛋液和面包糠。

③热锅注油烧至七成热，放入鸡肉块，炸至微黄色，捞出沥油待用。

④锅内留油，倒入鸡块，淋上番茄酱炒匀。

⑤关火装盘，撒上熟白芝麻即可。

干锅茶树菇

原料

茶树菇、五花肉、洋葱、姜、辣椒各适量

调料

豆瓣酱、盐、鸡精、酱油、白糖、食用油各适量

做法

①茶树菇洗净切段，焯熟备用。

②五花肉切薄片，姜、洋葱和辣椒切丝。

③锅中放少许油，下五花肉煸至出油，下姜丝炒香。放入剁碎的豆瓣酱炒出香味，倒入洋葱丝和辣椒丝翻炒。

④把焯好水的茶树菇放进锅里，继续煸炒2分钟。加盐、白糖、酱油、鸡精调味后即可。

嫩猪蹄

原料

猪蹄550克，姜8克，大葱13克

调料

生抽15毫升，白糖50克，料酒25毫升，芝麻油10毫升，盐、鸡精、食用油各适量

做法

①猪蹄剁成小块。

②下冷水锅，焯水。姜切厚片，大葱切段。

③锅中放油烧热，放白糖炒色，放入猪蹄、姜片、葱段、生抽、料酒、盐、鸡精和芝麻油，不断翻炒，越炒颜色越深，至熟即可食用。

香煎鸡翅中

原料

鸡翅中 500 克

调料

酱油、料酒、胡椒粉、盐、柠檬汁、鸡精、黄油各适量

做法

①将鸡翅中洗净装碗，放入酱油、料酒、胡椒粉、盐、鸡精腌渍 1 ~ 2 小时。

②将柠檬汁均匀抹在腌好的鸡翅上。

③在煎锅上涂抹一层黄油，并将鸡翅逐一放入煎锅中，煎 10 分钟即可。

四喜丸子

原料

猪肉馅 500 克，鸡蛋 1 个，葱末、姜末各适量

调料

盐、料酒、酱油、水淀粉、食用油各适量

做法

①把肉馅倒入适量的水，充分搅拌均匀。

②放入鸡蛋清、葱末、姜末搅拌均匀，倒入酱油、盐、料酒充分搅拌，倒入少许水淀粉，始终按照一个方向搅拌。

③锅中油六成热时，倒入丸子，中火炸制成型。捞出后，放入盘中，入蒸锅蒸 30 分钟。

④锅中倒入少许油，将蒸丸子的汁倒入锅中烧开，淋少许水淀粉勾芡，浇在丸子上即可。

培根蔬菜卷

原料

培根500克，金针菇200克，洋葱、西蓝花各适量

调料

黑胡椒15克，食用油适量

做法

①将培根切开，长度大约10厘米。

②将金针菇切断，长度比培根的宽度略长。将洋葱切丝。

③将金针菇和洋葱放在培根上，卷紧。

④将培根刷上食用油放在烤架上，用200℃烤10~15分钟，至培根呈金黄色，撒上黑胡椒，摆上西蓝花装饰即可。

熘腰花

原料

鲜猪腰、葱末、姜末、蒜末各适量

调料

盐、味精、水淀粉、酱油、白糖、料酒、芝麻油、食用油各适量

做法

①猪腰去净腰臊，切成腰花，加盐、酱油、料酒拌匀，腌渍入味。将盐、酱油、白糖、味精、料酒、水淀粉等调成味汁。

②锅中放油，油温到七八成热时，下入猪腰，滑散，待猪腰翻卷成花且断生后，倒入漏勺沥油。锅中留底油，放入葱末、姜末、蒜末炝锅，再投入腰花，烹入调好的味汁，炒均匀后淋入芝麻油，出锅装盘即成。

鱼香肉丝

原料

里脊500克，青椒半个，西红柿1个，葱末、姜末、蒜末各少许

调料

盐3克，白糖15克，醋5毫升，酱油5毫升，淀粉、鸡粉、胡椒粉、豆瓣酱、食用油各适量

做法

①取1个碗，加入半碗水，放入盐、白糖、醋、淀粉及酱油调匀，制成鱼香汁。
②青椒切丝，西红柿切块。
③里脊肉切丝，加入盐、鸡粉、胡椒粉、淀粉，加少许水，拌至发黏，腌渍10分钟。
④锅中放油，烧热后放入肉丝，迅速炒散，至肉色变白即关火盛出。
⑤锅中留底油，爆香蒜末及姜末，加入豆瓣酱炒香。
⑥加入青椒，最后加入葱末及肉丝。
⑦倒入鱼香汁翻炒匀，炒熟后装盘，用西红柿装饰即可。

葱爆羊肉

原料

切片羊肉 300 克，洋葱 30 克，大葱 8 根，大蒜 4 瓣

调料

食用油、淀粉、水淀粉、味精各适量，芝麻油、酱油、白醋、白糖各 20 克

做法

①将羊肉用酱油、味精、淀粉抓拌，腌渍 10 分钟后倒出多余汁料，沥干。
②洋葱洗净切块，大蒜洗净切片，大葱洗净切段。
③往锅里加油，烧热，倒入羊肉爆炒 1 分钟，盛出。
④往炒锅里加油，倒入洋葱、大蒜、大葱，煸 2 分钟至飘出香味，将炒过的羊肉入锅一同翻炒，并调入白醋、芝麻油、白糖。
⑤炒锅中的所有材料煸炒 2 分钟后，均匀盛入平底铁锅中，大火加热，用水淀粉勾薄芡，盛出即可。

酿甜椒

原料

猪肉馅500克，甜椒4个，马蹄2个，葱、姜、蒜各少许，鸡蛋2个

调料

淀粉、料酒、蚝油、生抽、老抽、白糖、食用油各适量

做法

①葱切葱花，姜、蒜切末，马蹄切碎。

②猪肉馅里加入鸡蛋、马蹄碎、葱花、姜末、蒜末、淀粉、料酒、蚝油、生抽、白糖，顺时针搅拌上劲。

③甜椒洗净，去净内部的籽，切成4瓣。

④将调好的肉馅均匀地酿入甜椒里，锅里放入油加热，放入酿好的甜椒，中火煎黄起皱。

⑤将适量生抽、老抽、白糖、少量水混合均匀，倒入锅里。

⑥大火煮开，转中火煮10~15分钟，收浓汤汁装盘即可。

酸甜炸鸡块

原料

鸡胸肉 300 克，面包糠 100 克，鸡蛋 1 个，熟白芝麻少许，番茄酱 60 克

调料

盐、鸡粉、辣椒粉各 3 克，食用油适量

做法

①鸡胸肉切块，往鸡肉中加入盐、鸡粉、辣椒粉、食用油，用手抓匀，腌渍 10 分钟至入味。

②鸡蛋打入盘中，搅散；面包糠倒入另一盘中。

③鸡肉块裹上蛋液，再裹上面包糠，待用。

④热锅注油烧至七成热，放入鸡肉块，油炸至微黄色。

⑤捞出油炸好的鸡肉块，沥干油，待用。

⑥锅底留油，倒入鸡块，挤上番茄酱，炒匀调味。

⑦关火，将鸡肉块盛入盘中，撒上熟白芝麻即可。

珍珠肉圆

原料

猪肉馅 200 克，糯米 200 克

调料

黄酒、盐、味精、白糖、水淀粉各适量

做法

①将肉馅加黄酒、盐、味精用力搅打上劲。

②糯米用冷水浸泡，使其吸水涨大。沥去水，铺在盘里，再用手抓肉馅挤出肉圆，放在糯米上滚一圈，使之沾上一层糯米。将肉圆置于另一盘中，上笼蒸熟。

③另取锅加热，添少许水，加盐、味精、白糖，用水淀粉勾芡，调成淡黄色的汁，淋浇在肉圆上即成。

肘子肉焖花生

原料

猪后肘 1 个，冬菇（干）6 朵，花生（炒）100 克，姜片 5 片，蒜蓉、红糟各适量

调料

冰糖 5 克，生抽 10 毫升，盐 1 克

做法

①猪肘斩件，焯水。在电饭锅里放入水、盐、红糟和生抽，把猪肘子浸泡在调料里。用水把花生和冬菇泡软后沥水待用。

②猪肘子皮上色后，把花生、冬菇、姜片、蒜蓉、冰糖放入电饭锅。按下电饭锅的煮饭键，电饭锅工作完毕打开盖子，香喷喷的肘子肉焖花生就可以吃了。

叉烧排骨

原料

排骨段500克

调料

叉烧酱100克，蚝油15毫升，蜂蜜20毫升

做法

①排骨段加80克叉烧酱、15毫升蜂蜜和蚝油拌匀后，放入冷藏室腌渍一晚。

②用锡纸将排骨包上，放220℃的烤箱内，烤制20分钟后刷上1层叉烧酱。

③继续烤3分钟后刷上蜂蜜即可。

牛肉上海青

原料

牛肉300克，鸡蛋1个，红椒1个，上海青200克，姜、大蒜各适量

调料

盐、淀粉、食用油、料酒、生抽各适量

做法

①牛肉切大片，加入料酒、生抽、鸡蛋清、淀粉，腌渍30分钟。

②姜切末，大蒜切片，红椒切块。上海青焯水。

③锅中油热，放入牛肉滑炒。放姜、大蒜，快速翻炒，接着放上海青、红椒、盐，翻炒至熟即可出锅。

青椒炒猪血

原料

青椒80克，猪血300克，姜末、蒜末各适量

调料

盐、鸡粉、辣椒酱、水淀粉、食用油各适量

做法

①青椒切块；猪血切成小方块。
②锅中加600毫升清水烧开，加入少许盐。
③往猪血中倒入烧开的热水，浸泡4分钟。
④捞出猪血，装碗，加入少许盐拌匀。
⑤用油起锅，倒入姜末、蒜末炒香。
⑥注入少许清水，加辣椒酱、盐、鸡粉炒匀。
⑦倒入猪血，煮2分钟至熟。倒入青椒，炒至断生。淋入水淀粉勾芡即可。

人参当归煲猪腰

原料

猪腰200克，人参5克，当归5克，姜片少许

调料

料酒12毫升

做法

①处理好的猪腰用平刀切开，除去白色筋膜，再切成小片，备用。
②砂锅中注入适量清水，用大火烧热。
③倒入备好的当归、人参、姜片。
④倒入猪腰，淋入少许料酒，搅拌均匀。
⑤盖上锅盖，用中火煮20分钟至食材熟透。
⑥揭开锅盖，搅拌片刻，将煮好的汤料盛出，装入碗中即可。

酥炸鱿鱼须

原料

鱿鱼须250克，鸡蛋50克，红辣椒丝50克，香菜段少许

调料

料酒10毫升，鸡精3克，水淀粉、色拉油各50毫升

做法

①鱿鱼须切段；加料酒、鸡精腌渍3小时。
②将鸡蛋打散，加入水淀粉，搅匀，调成糊。将鱿鱼须挂糊。
③将鱿鱼须放入六成热油锅中，炸至其呈金黄色，装盘，撒上红辣椒丝、香菜段即可。

卤水鹅翅

原料

鹅翅500克，姜片、葱段各适量

调料

卤水、料酒各适量

做法

①将鹅翅洗净，切成段。
②将鹅翅、姜片、葱段冷水下锅煮。煮开后加入料酒。
③煮3分钟，将鹅翅捞出，用清水冲洗一下。
④锅中放入卤水、清水，卤水跟清水的比例是1 ∶ 4，放入鹅翅，水要盖过鹅翅。
⑤大火煮开后，小火煮20分钟即可。

木耳黄瓜炒肉片

原料

黄瓜 100 克，黑木耳 100 克，里脊肉 200 克，葱花、姜末各适量

调料

盐、食用油各适量，酱油、料酒、干淀粉各少许

做法

①黑木耳清水泡发，去掉根部，洗净。

②里脊肉切片，肉片放入碗里，用少许的料酒、干淀粉抓匀；黄瓜斜着切片。

③锅中放适量的水烧开，放入黑木耳焯水后，捞出备用。

④锅中放适量的油，放入葱花、姜末爆出香味；放入肉片翻炒；待肉片变色后，放入酱油，翻炒均匀后盛出待用。

⑤锅底留油，放入黄瓜片；快速翻炒几下，放入黑木耳、肉片快速翻炒，放适量的盐调味；再次翻炒均匀后，即可起锅装盘。

板栗红烧肉

原料

带皮五花肉 200 克，板栗 100 克，生姜、大蒜各适量

调料

八角、食用油各适量，料酒 5 毫升，老抽 5 毫升，白糖 20 克

做法

①将洗好的五花肉切成四方块。
②热锅注油，烧至四成热，倒入已去壳洗好的板栗，炸 2 分钟至熟，捞出，沥干油，待用。
③锅留底油，放入白糖，中火炒至白糖完全溶化，颜色接近棕红色，有泡泡冒出即可。
④倒入猪肉，煸炒至出油、上色。
⑤倒入洗好的八角、生姜、大蒜，淋入料酒、老抽，快速拌炒匀。
⑥倒入板栗，加入适量清水，加盖焖煮 30 分钟至入味。
⑦将焖好的食材盛入碗中即可。

凉拌肚丝

原料

新鲜猪肚 1 个，蒜末、葱末、姜末、大蒜、青椒丝、红椒丝各适量

调料

盐、生抽、鸡精、芝麻油、蚝油、八角、桂皮、料酒各适量

做法

①猪肚洗净至无异味。

②将洗净的猪肚放高压锅里，加水没过猪肚，加桂皮、大蒜、八角，放入料酒，高压锅上汽 25 分钟后关火。

③取出猪肚，凉凉后切成丝，摆盘。

④在肚丝上撒上盐、鸡精、蒜末、葱末、姜末、青椒丝、红椒丝，淋上蚝油、生抽、芝麻油，拌匀即可。

肉馅茄子

原料

长茄子 2 个，肉馅 200 克，葱花、姜片、蒜末各少许

调料

蚝油 20 毫升，鸡精、白糖、十三香、水淀粉、生抽、食用油各适量

做法

①肉馅加入葱花、生抽、鸡精、十三香搅拌均匀。
②长茄子洗净竖向中间切开，再在上面横向均匀切数刀，底不切开。
③把调好的肉馅分别夹入切好的茄子中。
④上蒸锅开锅后蒸 15 分钟。
⑤炒锅中倒入油，放入葱、姜、蒜，爆香。
⑥把蒸好的茄子连同蒸茄子时蒸出的汤汁一同下锅，加入蚝油、白糖，用水淀粉勾芡收汁即可出锅。

豆腐包肉

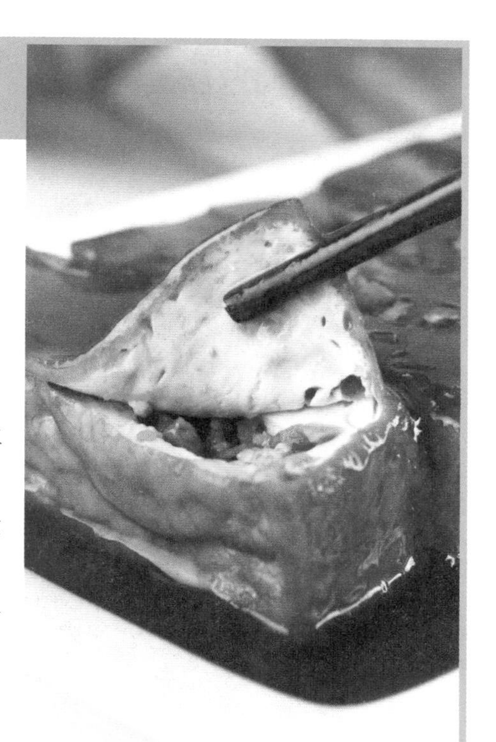

原料

豆腐、肉馅、生姜末、葱花各适量

调料

蚝油、嫩肉粉、酱油、盐、食用油各适量

做法

①肉馅加入嫩肉粉、生姜末、蚝油、葱花、盐搅拌均匀，制成肉酿。豆腐对半切开，再切成六小块，中间用勺子挖空。

②将肉酿放入豆腐中，入油锅煎至两面呈金黄色。盛出备用。

③酱油、耗油、水调成汁。将豆腐和汁同入锅中，大火收汁，撒上葱花即可。

香葱炸鸡块

原料

鸡胸肉 500 克，鸡蛋 1 个，小麦面粉 100 克，面包糠 100 克、蒜末、葱花各适量

调料

盐、黑胡椒、食用油各适量

做法

①鸡胸肉洗净。切成块状。

②加入黑胡椒、盐、蒜末腌渍 30 分钟。

③将鸡蛋打散，加入盐、小麦面粉和少许清水，调成糊状。

④将腌渍好的鸡块在面糊里蘸一下，然后再到面包糠里面滚一圈。

⑤平底锅热油，将裹好面包糠的鸡块铺在锅中，煎炸至两面呈金黄色，撒上葱花即可。

洋葱炒鸡胗

原料

鸡胗 10 个，洋葱、青彩椒各半个，蒜、姜各适量

调料

老抽、料酒、白糖、盐、鸡精、食用油、芝麻各适量

做法

①鸡胗切片，洋葱、青彩椒切丝，蒜、姜切末。

②锅里放油，倒入鸡胗爆炒至变色盛出备用。

③锅底留油爆香蒜、姜，倒入洋葱翻炒出香味。加入青彩椒丝翻炒，加调料炒匀。再加入鸡胗翻炒均匀，加鸡精、芝麻炒匀，出锅装盘即可。

酥炸里脊

原料

里脊肉 300 克，鸡蛋 1 个，葱末、姜末各少许

调料

淀粉 60 克，食用油、盐、料酒、酱油、黑胡椒粉各适量

做法

①里脊肉切成块，用盐、料酒、酱油、黑胡椒粉、葱末、姜末腌渍 30 分钟。

②将鸡蛋打散，与淀粉、少许食用油调成糊。将里脊块挂糊，用温油炸至外皮凝固捞出，继续加热油锅，至油温上升至七成热时，复炸里脊块至其呈金黄色盛出即可。

红烧排骨

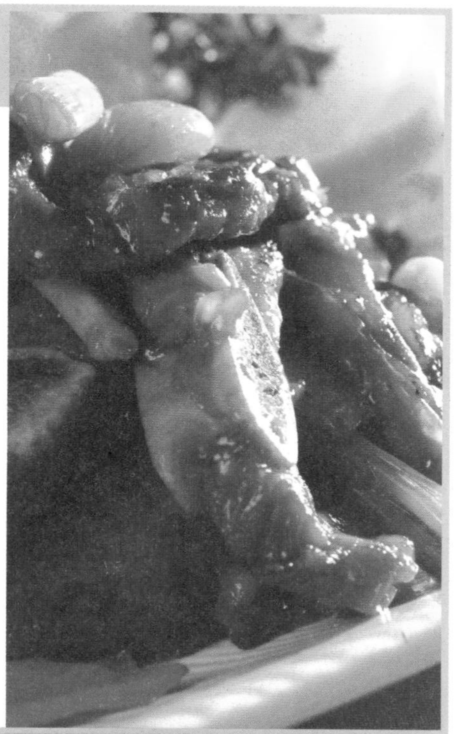

原料

排骨 400 克，姜片、大葱各适量

调料

八角、桂皮、草果、香叶、丁香、花椒、盐、味精、白糖、料酒、酱油、色拉油各适量

做法

①排骨斩段后，焯去血水。

②锅中热油，小火下白糖炒色。

③放入姜片和八角、桂皮等香料炒出香味后，加料酒和酱油，再略翻炒一下。

④加入适量热水，放入盐和葱结。小火炖至排骨熟软。

⑤大火收汁，等汤汁浓稠时，加适量味精即可起锅。

橙香羊排

原料

羊排 500 克，橙子皮 100 克，青椒末、洋葱末、熟花生米、熟白芝麻各适量

调料

孜然粉 5 克，盐、鸡粉、辣椒粉各适量

做法

①抓适量的盐均匀地抹在羊排上，腌渍片刻。

②橙子皮切成丝。烤盘垫上锡纸，放上羊排、橙子皮、青椒末、洋葱末，撒上辣椒粉、盐、鸡粉、孜然粉，放入烤箱中层。

③烤箱温度调至 180℃，烤 20 分钟。

④将烤好的羊排取出，摆放在盘中，撒上熟花生米和熟白芝麻即可。

新疆火爆羊肚

原料

青椒40克,红椒40克,熟羊肚150克,姜片、葱段各适量

调料

盐、鸡粉各3克，生抽、料酒各5毫升，水淀粉适量，食用油适量

做法

①青椒、红椒切成粗丝。将熟羊肚切成块。
②用油起锅，放入姜片、葱段爆香，倒入青椒、红椒，炒匀。倒入羊肚，翻炒匀。
③淋入料酒，加入盐、鸡粉、生抽，炒匀。
④淋入适量水淀粉勾芡。
⑤关火后盛出锅中的菜肴,装入盘中即可。

米椒大盘鸡

原料

净鸡半只，小米椒100克，去皮熟花生米100克，蒜末、姜末、葱花各适量

调料

盐、鸡粉各3克，生抽5毫升，食用油适量

做法

①鸡肉切丁，汆水。小米椒切段。
②锅中热油，入蒜末、姜末爆香。放入鸡肉，煸炒至表面呈金黄色。放入小米椒，翻炒至断生，倒入花生米，炒出香味。
③加入盐、鸡粉，淋入生抽，炒匀调味。
④关火后将炒好的鸡肉盛入盘中，撒上葱花即可。

香辣鸡腿

原料

鸡腿 300 克，蒜头、葱结、香菜、干辣椒各适量

调料

盐、鸡粉、白糖各 3 克，老抽 5 毫升，生抽 5 毫升，食用油适量

做法

①汤锅置于火上，倒入 2500 毫升清水，放入洗净的鸡腿，盖上盖，煮沸。
②揭开盖，捞去汤中浮沫，再盖好盖，转用小火煮 20 分钟。
③取下锅盖，捞出鸡腿，沥干水分，待用。
④炒锅烧热，注入少许食用油，倒入蒜头、葱结、香菜、干辣椒，大火爆香。
⑤放入白糖，翻炒至白糖溶化。
⑥倒入鸡腿炒至上色，加入适量清水，煮至沸腾。
⑦加入盐、生抽、老抽、鸡粉拌匀调味，大火收汁。
⑧关火，将煮好的鸡腿盛入盘中即可。

宫保鸡丁

原料

鸡胸肉 300 克，去皮熟花生米 50，干辣椒 5 克，葱段、大蒜、姜片各适量

调料

盐、鸡粉各 3 克，料酒 10 毫升，生粉、食用油各适量

做法

①洗净的鸡胸肉切 1 厘米厚的片，切条，改切成丁。
②洗净的大蒜切成丁；干辣椒切成段。
③鸡丁中加少许盐，加鸡粉、料酒拌匀，加生粉拌匀，淋入少许食用油拌匀，腌渍 10 分钟。
④热锅注油，烧至六成热，倒入鸡丁，炸 2 分钟至熟透，捞出，沥干油，待用。
⑤锅底留油，倒入大蒜、姜片爆香。
⑥倒入干辣椒炒香，倒入鸡肉炒匀。
⑦倒入去皮熟花生米、葱段，翻炒匀。
⑧关火后将炒好的食材盛入盘中即可。

红烧牛肉

原料

牛肉 100 克，白萝卜 50 克，姜片、蒜段各 5 克，干辣椒、香菜各适量

调料

豆瓣酱 10 克，冰糖、酱油、醋、盐、食用油、八角、香叶、花椒各适量

做法

①牛肉切小块，焯去血水；白萝卜切小块。

②锅中注入适量油，烧至六成热，放入姜片、蒜段爆香，放入牛肉块炸 3~5 分钟，捞起。

③蒸锅注入适量清水，放入炸过的牛肉，大火煮沸后转小火，放入八角、香叶、酱油、醋、冰糖，炖 30 分钟。

④炒锅烧油，放入豆瓣酱爆炒，将豆瓣酱倒入蒸锅内，加入干辣椒、花椒。

⑤牛肉炖 1.5 小时后，加入切好的白萝卜，再炖 30 分钟，至汤色深红，放盐调味，盛出放上香菜即可。

浓汤老虎蟹

原料

娃娃菜 100 克，杏鲍菇 80 克，西红柿 1 个，老虎蟹 200 克，芝士片、口蘑各 40 克，葱段、姜片各适量

调料

盐 3 克，鸡粉 3 克，胡椒粉 3 克，食用油适量

做法

①洗净的杏鲍菇切段，切成片。

②处理好的娃娃菜对切开，切粗丝。

③洗净的西红柿对切开，去蒂，切片，切条，改切成丁。

④锅中注入适量清水烧开，倒入口蘑、杏鲍菇，搅拌均匀，去除草酸，捞出，沥干水分，待用。

⑤热锅注油烧热，倒入葱段、姜片，爆香，加入处理好的老虎蟹，翻炒至转色。

⑥加入西红柿，翻炒片刻，注入适量的清水，搅拌均匀，煮沸。

⑦倒入汆过水的食材，略煮片刻，撇去浮沫。

⑧加入娃娃菜、芝士片，搅拌均匀，煮至软，放入盐、鸡粉、胡椒粉，搅拌调味。

⑨关火后将煮好的汤盛出装入碗中即可。

高压米粉牛肉

原料

牛肉 200 克，蒸肉粉 50 克，姜片 20 克，香菜末少许

调料

料酒 10 毫升，生抽 10 毫升，老抽 5 毫升，辣椒酱 20 克

做法

①牛肉洗净，切片，加姜片、料酒、生抽、老抽、辣椒酱，拌匀。

②加蒸肉粉、香菜末，拌匀，腌渍 30 分钟。

③将腌好的牛肉码放入碗中，放入高压锅内，焖 20 分钟即可。

铁板牛仔骨

原料

牛仔骨 1000 克，独蒜头 200 克，青椒、红椒各少许

调料

盐 4 克，黄油 80 克，蚝油 20 毫升，黑胡椒碎、红酒、水淀粉、食用油各适量

做法

①独蒜头去皮，对半切开；青椒、红椒切片；牛仔骨切片，用黑胡椒碎、红酒、蚝油、水淀粉拌匀，腌渍 30 分钟。

②起油锅，放入独蒜头、青椒、红椒，翻炒香。加盐炒匀，盛出装入铁板中。

③另起锅，放入黄油融化，放入牛仔骨，两面煎至熟，再摆入铁板中即可。

鸡胸肉炒西蓝花

原料

鸡胸肉100克，西蓝花200克，小米椒2根，蒜末适量

调料

酱油、盐、淀粉、胡椒粉、食用油各适量

做法

①鸡胸肉切块，加入适量酱油、胡椒粉、淀粉抓匀，腌渍15分钟。

②西蓝花洗净切成小朵；小米椒切段。

③热锅加少许底油，放入蒜末、小米椒爆香。

④放鸡胸肉，翻炒至变白。

⑤放西蓝花翻炒，加少许清水，放入盐、酱油，翻炒至所有食材熟透即可。

三黄鸡

原料

三黄鸡500克，姜片、大蒜各适量

调料

黄酒、酱油各15毫升，胡椒粉、水淀粉、蚝油、白糖、食用油各适量

做法

①三黄鸡斩成小块，加入黄酒、酱油、胡椒粉拌匀，腌渍20分钟入味。然后加入水淀粉抓匀备用。

②锅中油烧至五成热，放姜片、大蒜粒炒香。放入鸡肉翻炒至鸡肉变色，加入蚝油、白糖和黄酒，炒匀。

③加热水，没过鸡肉1/2处即可，煮开后转小火收浓汤汁即可。

肉酱芥蓝

原料

芥蓝200克，瘦肉200克，蒜末50克，葱花、姜片各少许

调料

食用油、盐、淀粉、酱油、蚝油、鸡精各适量

做法

①芥蓝洗净，锅中水烧开加少许油、盐，放入芥蓝焯水，变翠绿后，捞出摆盘，瘦肉切末。

②取碗放少许水，加入适量淀粉、酱油、蚝油、鸡精，调开备用。

③锅中放油加热，放入蒜末、葱花、姜片爆香，再放肉末翻炒至熟，再加入之前调开的酱汁，收汁堆到芥蓝上即可。

腊肉炒蒜薹

原料

蒜薹300克，腊肉500克，彩椒150克

调料

料酒、胡椒粉、盐、白糖、食用油各适量

做法

①将腊肉切片，蒜薹摘去老梗后切成小段，彩椒切斜片。

②锅中烧热食用油，放入腊肉爆炒至其呈现透明后，放入蒜薹和彩椒，加入少许水、料酒、胡椒粉、盐和白糖调味，翻炒均匀即可。

青椒木耳炒山药

原料

山药 200 克，黑木耳 20 克，青椒、红椒各 1 个，蒜片适量

调料

食用油、盐、鸡精各适量

做法

①青椒、红椒洗净，去蒂和子，切块；木耳用温水泡发，洗净，撕成小朵；山药去皮，洗净，切片。
②炒锅置火上，放油烧至五成热，放蒜片爆香，放红椒、青椒和木耳，翻炒 2 分钟。再倒入山药翻炒 2 分钟。
③加入盐和鸡精调味，出锅即可。

花生炖羊肉

原料

羊肉 400 克，花生仁 150 克，葱段、姜片各少许

调料

生抽、料酒、食用油、水淀粉各适量，盐、鸡粉、白胡椒粉各 3 克，

做法

①羊肉切成块，焯水待用。
②热锅注油烧热，放入姜片、葱段，爆香，放入羊肉，炒香，加入料酒、生抽，加水，倒入花生仁，撒上盐，加盖，大火煮开后转小火炖 30 分钟，揭盖，加入鸡粉、白胡椒粉、水淀粉，充分拌匀入味即可。

咸烧白

原料

五花肉 350 克，芽菜 100 克，糖色 10 毫升，干辣椒、姜片各适量

调料

老抽 5 毫升、料酒 10 毫升，盐、鸡粉、白糖各 3 克，八角、花椒、食用油各适量

做法

①锅中注入适量清水，放入五花肉，加盖煮熟。
②取出煮熟的五花肉，在肉皮上抹上糖色。
③锅中注油烧热，放入五花肉，炸至肉皮呈暗红色后捞出。
④将五花肉切片，装入碗内，淋入老抽、料酒，加盐、鸡粉拌匀。
⑤肉皮朝下，将肉片叠入扣碗内，放入八角、花椒、干辣椒。
⑥起油锅，倒入姜片煸香，倒入芽菜拌匀，加干辣椒炒出辣味，加鸡粉、白糖调味。
⑦芽菜炒熟，放在肉片上压实。
⑧蒸锅注水，放上食材，加盖，中火蒸 40 分钟至熟。
⑨揭盖，将食材倒扣在盘中即可。

红烧狮子头

原料

肉末 300 克，胡萝卜 60 克，娃娃菜、白萝卜各 50 克，马蹄 100 克，姜末、葱花各适量，鸡蛋 1 个

调料

盐、鸡粉各 3 克，蚝油、生抽、料酒各 5 毫升，生粉、水淀粉、食用油各适量。

做法

①洗好的马蹄肉切成碎末；胡萝卜、白萝卜切块。
②取一个碗，倒入备好的肉末，放入姜末、葱花、马蹄肉末，打入鸡蛋，拌匀。
③加入盐、鸡粉、料酒、生粉，拌匀，待用。
④锅中注油烧至六成热，把拌匀的材料揉成肉丸，放入锅中，用小火炸 4 分钟至其呈金黄色，捞出，装盘备用。
⑤锅底留油，注入适量清水，加入盐、鸡粉、蚝油、生抽，放入炸好的肉丸，倒入胡萝卜块、白萝卜块、娃娃菜略煮片刻至入味。
⑥捞出食材，盛入碗中，待用。
⑦锅内倒入水淀粉，勾芡，倒入碗中即可。

红烧肉

原料

五花肉300克，草果3个，干辣椒10克，姜块适量

调料

盐4克，料酒、老抽、生抽各10毫升，八角5个，香叶3片，冰糖10克

做法

①五花肉洗净，放入一汤匙料酒，浸泡1小时，捞出沥干。
②带皮姜块切成片，干辣椒切成小段，待用。
③沥干水分的五花肉切成大小均匀的块状，待用。
④锅里放入五花肉块，煸炒至微黄。放入八角、香叶、草果，炒出香味。
⑤放入姜片、干辣椒，翻炒均匀。
⑥放入老抽、生抽炒匀，再倒入适量清水、盐，翻炒至入味，放入冰糖，盖上锅盖，小火煨煮30分钟。
⑦待五花肉煨到酥烂，用大火收汁，使汁液均匀裹在肉上，将烹制好的菜肴盛至备好的碗中即可。

笋子焖牛筋

原料

牛筋 150 克，笋 70 克，姜片、蒜末、葱段各适量，香菜少许

调料

盐 3 克，鸡粉 3 克，料酒 5 毫升，花椒 10 克，八角 3 个，生抽 5 毫升，豆瓣酱 5 克，水淀粉、食用油各适量

做法

①牛筋切段；笋切块；香菜洗净，切段。

②牛筋加盐焯水，待用。

③用油起锅，倒入花椒、八角、姜片、蒜末、葱段，爆香。淋入生抽，放入豆瓣酱，炒匀。

④淋入料酒，倒入少许清水，倒入笋，加入盐、鸡粉，炒匀。转大火略煮一会儿，至食材入味，用水淀粉勾芡。

⑤关火，将食材盛入碗中，放上香菜即可。

巧手猪肝

原料

猪肝200克，芹菜50克，红椒20克，青椒50克，姜片、蒜末各适量

调料

盐2克，鸡粉2克，料酒5毫升，芝麻油5毫升，水淀粉适量，食用油适量

做法

①芹菜、青椒、红椒均切成段。猪肝切片，加入料酒、盐、鸡粉、水淀粉，拌匀。

②热锅注油，烧热，倒入猪肝炒匀。

③倒入芹菜、姜片、蒜末、青椒、红椒炒匀。

④加入盐、鸡粉、芝麻油炒至入味。

⑤用水淀粉勾芡收汁。

⑥关火，将炒好的猪肝盛入盘中即可。

巴蜀猪手

原料

猪手2个，葱花适量

调料

盐5克，酱油、料酒各6毫升，醋少许，冰糖3克，花椒、干辣椒、陈皮、食用油各适量

做法

①猪手切块，焯水。

②凉油下锅，放入冰糖，放入猪手，下入花椒、干辣椒、陈皮，炒出香味。

③加酱油、料酒、醋，加水没过猪手，大火烧开，小火慢炖。

④快收干汁时，开大火，加盐微炖，关火后盛入碗中，撒上葱花即可。

糯米排骨

原料

排骨500克，糯米200克，玉米50克，红椒粒、青椒粒、姜末、蒜末、葱花各适量

调料

老抽3毫升，生抽5毫升，蚝油5毫升，料酒5毫升，盐3克，白糖2克

做法

①糯米提前用水浸泡5~8小时。

②排骨洗净切成小块，加入姜末、蒜末和调料抓匀后腌渍2小时。

③将腌好的排骨表面粘满糯米。上火蒸50分钟。

④将蒸好的排骨盛入碗中，摆上煮熟的玉米块，撒上葱花、红椒粒和青椒粒即可。

家常小炒肉

原料

五花肉300克，蘑菇80克，蒜末适量

调料

盐2克，鸡粉2克，食用油、生抽、水淀粉各适量

做法

①五花肉切条，再改切成片；蘑菇切块。

②热锅注油，倒入蒜末爆香。

③倒入肉块炒香。

④倒入蘑菇，加入盐、鸡粉、生抽炒至入味。

⑤加入适量清水煮沸，用水淀粉勾芡。

⑥关火后将食材盛入碗中即可。

西红柿金针菇肥牛

原料

肥牛卷200克，金针菇150克，西红柿、洋葱、葱段、姜片、蒜片、干辣椒各适量

调料

盐、生抽、料酒、蒜蓉辣酱、食用油各适量

做法

①金针菇撕成小束；西红柿切块；洋葱切丝。

②锅中油烧热，放葱段、蒜片爆香，加入肥牛卷、料酒、生抽炒熟，盛出备用。

③锅底留油烧热，放洋葱、干辣椒、姜片、生抽、蒜蓉辣酱炒香，加西红柿、金针菇，加清水没过食材煮至熟，加盐调味，盛入碗中再摆上肥牛卷即可。

香菇芹菜牛肉丸

原料

香菇30克，牛肉末200克，芹菜20克，蛋黄20克，姜末、葱末各少许

调料

盐、鸡粉、生抽、水淀粉各适量

做法

①香菇切成丁；芹菜切成碎末。

②取一个碗，放入牛肉末、芹菜末，再倒入香菇、姜末、葱末、蛋黄，加入盐、鸡粉、生抽、水淀粉，搅匀，制成馅料，用手将馅料捏成丸子，放入盘中，备用。

③蒸锅上火烧开，放入备好的牛肉丸，盖上锅盖，用大火蒸30分钟至熟即可。

风味羊肉小炒

原料

羊肉、芹菜各 300 克，朝天椒、姜片各 20 克

调料

盐 3 克，生抽 15 毫升，料酒 20 毫升，老抽 5 毫升，食用油、水淀粉各适量

做法

①芹菜切段；朝天椒切圈；羊肉切片。羊肉加生抽、老抽，少许料酒，拌匀，腌渍 20 分钟。

②起油锅，放入姜片爆香，倒入羊肉，翻炒至转色。淋入料酒，炒香，倒入芹菜、朝天椒，炒匀，放盐，炒匀。

③倒入水淀粉勾芡，炒匀，盛出即可。

烤三文鱼

原料

三文鱼排 2 块，柠檬半个

调料

黑胡椒、罗勒碎、盐、百里香、橄榄油各适量

做法

①柠檬切片。烤盘铺上锡箔纸。

②将盐，黑胡椒，罗勒碎，百里香均匀撒在鱼排上，放上柠檬片，装盘。

③将橄榄油均匀抹于鱼排上，放入 200℃ 的烤箱，烤制 20 ~ 25 分钟即可。

煎带鱼

原料

带鱼 500 克，姜、葱、青椒、红椒各少许

调料

料酒 7 毫升，盐 1 克，生抽 5 毫升，淀粉、五香粉、植物油各适量，花椒粒少许

做法

①姜和葱切丝，青椒、红椒切粒备用。

②带鱼洗净去内脏，收拾干净，切段，用料酒、盐、五香粉、生抽、姜丝、葱丝腌渍 2 小时。

③将腌渍好的带鱼段拭去过多水分后，用淀粉包裹，使带鱼表面干燥。

④平底锅内倒入油，放入花椒粒，炒香后去除花椒粒，放入带鱼段，小火慢煎至其呈金黄色，起锅装盘，点缀上青椒粒、红椒粒即可。

冬菇焖鱼腐

原料

鱼腐 200 克，冬菇 200 克，姜片、葱花、香菜各适量

调料

盐 1 克，生抽 4 毫升，老抽 5 毫升，白糖 2 克，芝麻油、水淀粉、植物油各适量

做法

①冬菇洗干净，切成小块，备用。
②鱼腐用生抽、白糖、芝麻油、水淀粉腌渍 30 分钟。
③烧热锅，倒入适量植物油，放入姜片与鱼腐翻炒片刻，然后盖上锅盖焖。
④两三分钟后打开锅盖，翻炒至鱼腐两边呈金黄色，继续焖约 5 分钟后，倒入老抽。
⑤把冬菇倒入，翻炒至冬菇断生为止。
⑥放入盐，翻炒，倒入芝麻油，放入水淀粉勾芡，撒上香菜与葱花即可。

土豆丝虾球

原料

虾 200 克，土豆 100 克，鸡蛋清适量

调料

盐 1 克，白糖 2 克，柠檬汁、植物油各适量，胡椒粉、淀粉各少许

做法

①将虾洗净，去除虾线、虾皮，保留虾尾，用柠檬汁和胡椒粉腌渍一会儿。

②土豆洗净去皮，切成极细的丝，用凉水冲洗后沥干水分，裹上一层薄薄的淀粉，备用。

③将淀粉、鸡蛋清、白糖、盐、胡椒粉和适量水混合在一起，搅拌均匀，做成面糊，备用。

④将腌渍好的虾去除多余的水分，在虾的表面裹上淀粉，再裹上面糊。

⑤将裹上面糊的虾用土豆丝包裹好，攥去水分。

⑥锅中注油烧热，将虾下锅，煎至其呈金黄色即可。

滑炒鸭丝

原料

鸭肉 160 克，彩椒 60 克，香菜、姜末、蒜末、葱段各少许

调料

鸡粉 1 克，生抽、料酒各 4 毫升，盐、水淀粉、食用油各适量

做法

①将洗净的彩椒切成条。
②洗好的香菜切段。
③将洗净的鸭肉切片，再切成丝，装入碗中，倒入少许生抽、料酒，再加入少许盐、鸡粉、水淀粉，抓匀，注入适量食用油，腌渍 10 分钟至入味。
④用油起锅，下入蒜末、姜末、葱段，爆香。
⑤放入鸭肉丝，淋入适量料酒，炒香，再倒入适量生抽，炒匀。
⑥下入切好的彩椒，拌炒匀。
⑦放入适量盐、鸡粉，炒匀调味。
⑧淋入适量水淀粉勾芡，放入香菜段，炒匀即可。

石锅板栗红烧肉

原料

带皮五花肉200克，板栗100克，生姜、葱花、大蒜各适量

调料

八角、食用油各适量，料酒5毫升，老抽5毫升，白糖20克

做法

①五花肉切方块。热锅注油，烧至四成热，倒入已去壳板栗，炸至熟，捞出。

②锅留底油，加白糖炒色。倒入猪肉，炒至出油。加八角、生姜、大蒜，淋入料酒、老抽，快速拌炒匀。

③倒入板栗，加入适量清水，加盖焖煮30分钟。撒上葱花，盛入石锅中即可。

西红柿肉末

原料

肉末100克，西红柿80克

调料

盐3克，鸡粉3克，生抽5毫升，料酒10毫升，水淀粉适量，食用油适量

做法

①洗净的西红柿切小瓣，再切成丁。

②用油起锅，倒入肉末，翻炒匀。

③淋入料酒，炒香、炒透。

④倒入生抽，加入盐、鸡粉，炒匀调味。

⑤放入切好的西红柿，翻炒匀，倒入适量水淀粉勾芡，炒熟收汁。

⑥将炒好的食材盛入碗中即可。

炖牛肉

原料

牛肉 500 克，胡萝卜 100 克，橙皮、姜各适量

调料

食用油、料酒、生抽、盐各适量

做法

①牛肉切成块，焯去血水。

②胡萝卜洗净，切成滚刀块；橙皮、姜切片。

③锅中倒油烧热，放入橙皮、姜片煸炒出香味。

④放入牛肉块煸炒，加上料酒、生抽及开水，烧沸后转小火。

⑤炖至牛肉块八成熟时，加入切好的胡萝卜块，炖至胡萝卜熟烂，入盐调味即可。

填馅蘑菇

原料

蘑菇 150 克，洋葱半个，大蒜 3 瓣，培根 30 克，奶酪、面包糠各适量

调料

黑胡椒 1 小勺，盐适量

做法

①烤箱 200℃预热。将培根、大蒜、洋葱、奶酪切碎。

②将培根、大蒜和洋葱下锅炒香，拌入奶酪和面包糠，用盐和黑胡椒调味，制成馅料。

③蘑菇洗干净，去掉菌柄。

④将馅料填入蘑菇，表面撒上奶酪。

⑤将蘑菇装入烤盘，放入烤箱，200℃烤 20 分钟，取出稍微放凉，趁热食用即可。

干炸小排

原料

猪小排段500克，大蒜6瓣

调料

料酒、盐、胡椒粉、生抽、食用油各适量

做法

①将大蒜剁碎，加水，调成汁。

②把蒜汁、料酒、盐、胡椒粉、生抽与排骨拌匀，腌渍2小时。

③将油烧至四成热，放入小排，炸至颜色浅金红色，捞出。

④将油烧至七八成热，倒入小排复炸，至颜色呈深金红色，捞出装盘即可。

双椒牛柳

原料

青椒60克，红椒80克，洋葱60克，牛肉100克，蒜末适量

调料

盐、鸡粉各3克，生抽5毫升，食用油适量，水淀粉少许

做法

①青椒、红椒切开，去籽，切成菱形片。

②洋葱切菱形片。牛肉切片。

③热锅注油，倒入蒜末爆香。倒入牛肉炒至转色。倒入青椒、红椒、洋葱炒香。

④加入盐、鸡粉、生抽，炒匀调味。淋入少许水淀粉勾芡。关火后将炒好的食材盛入盘中即可。

香煎鲮鱼

原料

鲮鱼 200 克

调料

盐 1 克，料酒 5 毫升，老抽 5 毫升，植物油适量

做法

①鲮鱼洗净，斩成小块。

②鱼块用盐、料酒、老抽腌渍一会儿。

③锅中注植物油，烧至七成热，放入鱼块，炸至鱼块呈金黄色即可。

咖喱鹰嘴豆菜花

原料

菜花 1 个，大蒜数瓣，鹰嘴豆适量，西红柿半个

调料

盐、生抽，咖喱块各少许，食用油适量

做法

①菜花掰成小朵。西红柿去皮备用。

②大蒜切碎入油锅，有香味时倒入菜花、鹰嘴豆反复煸炒。断生后倒入生抽，加适量水，放入咖喱块、西红柿，小火炖至入味软烂，大火收汁，待出锅时调入盐。

开胃酸菜鱼

原料

草鱼1条，鸡蛋1个，青彩椒，红彩椒各半个，酸菜、蒜末、姜末、枸杞各适量

调料

鸡精、料酒、淀粉、盐、胡椒粉、食用油各适量

做法

①草鱼宰杀后将鱼肉切片，鱼排骨斩块，鱼头斩成两块，酸菜切丝焯水备用；青彩椒、红彩椒切丝备用。

②鸡蛋取蛋清，将鱼肉用蛋清、料酒、淀粉、盐、胡椒粉腌渍入味，鱼排鱼头也和鱼肉一样腌渍入味。

③锅热放少许油，放入蒜末、姜末爆香后，放入酸菜一同炒熟。

④另一锅放油，放入炸香鱼排骨和鱼头，炸香鱼排骨和鱼头后，加开水煮开，煮至汤汁发白后加入炒好的酸菜，再煮开后，加入鱼片，鱼片变白后加入少许胡椒粉、鸡精、枸杞，拌匀出锅装盘，撒上青彩椒、红彩椒丝装饰即可。

沸腾鱼片

原料

黑鱼 1 条，蛋清、干辣椒、姜片各适量

调料

盐 3 克，豆瓣酱、生粉各 30 克，生抽 30 毫升，料酒 20 毫升，花椒、食用油各适量

做法

①干辣椒切成段。
②黑鱼宰杀处理干净，剔骨取下鱼肉，鱼骨斩成块，鱼肉切成片。
③鱼骨加盐、姜片、料酒、生粉，拌匀腌渍 10 分钟。
④鱼片加盐、蛋清、姜片、料酒、生粉，拌匀腌渍 10 分钟。
⑤起油锅，放入鱼骨，炒香，加适量开水，放入豆瓣酱、生抽，拌匀煮沸，捞出鱼骨，装入碗中。
⑥将鱼片倒入锅中，轻轻搅散，煮沸。
⑦盛出锅中食材，装入碗中，铺上干辣椒、花椒，淋上热油即可。

大西北酱焖大鱼头

原料

鱼头 200 克，土豆、豆腐各 90 克，板栗肉、葱、剁椒、青椒、红椒、蒜末各少许

调料

盐、老抽、料酒、生抽、水淀粉、食用油、辣椒油、黄豆酱各适量

做法

①豆腐切方块；土豆切条形。青椒、红椒、葱白切成长段。

②鱼头撒上少许盐，抹匀，再淋入少许料酒，腌渍 10 分钟，去除腥味，待用。

③用油起锅，放入腌渍好的鱼头，用中小火煎至两面断生，盛出，待用。

④锅底留油，放入蒜末、剁椒，爆香，放入黄豆酱、土豆条，炒香，放入豆腐块，炒匀，转小火，淋入料酒、生抽，炒匀。

⑤关火，取装有鱼头的盘子，盛入锅中的材料，待用。

⑥用油起锅，倒入盘中材料，注入适量清水，加入盐，晃动锅底，再淋入老抽，大火煮沸后加盖，改中小火煮至食材熟软。

⑦揭盖，倒入切好的青椒、红椒、葱白、板栗肉，拌匀，再次盖上盖，用小火续煮至食材熟透。转大火收汁，用水淀粉勾芡，淋入辣椒油炒香即可。

鱼丸

原料

鱼肉 500 克，蛋清 3 个，葱花适量

调料

盐 3 克，葱姜汁 25 毫升，鸡粉 2 克，熟猪油 50 克，水淀粉 50 毫升

做法

①将鱼肉剁成泥，加清水适量，加入盐、葱姜汁，顺着一个方向搅匀。
②搅至鱼肉有黏性时，加入搅打成泡沫状的蛋清、水淀粉、鸡粉、熟猪油，仍顺一个方向搅匀，即成鱼丸料。
③用手将鱼丸料挤成直径 3 厘米的鱼丸，放入冷水锅中，上火煮开，撇去浮沫，撒上葱花即可。

虾仁豆腐

原料

豆腐 250 克，虾仁 50 克，鸡蛋 1 个，姜末、葱花各适量

调料

盐 3 克，白糖 2 克，酱油 5 毫升，水淀粉、肉汤、植物油各适量

做法

①虾仁去除虾线。将鸡蛋打散，放入虾仁，搅拌均匀。豆腐焯水后切小块。

②油锅烧热，放入姜末、部分葱花，炒香。加入白糖、酱油调味，倒入肉汤，大火煮沸。再放豆腐、虾仁煮熟，加盐调味，用水淀粉勾芡，再撒上葱花即可。

炸小虾

原料

小虾 300 克，葱末、姜末、干面粉各适量

调料

盐 3 克，植物油适量

做法

①小虾洗净沥干水分，加入葱末、姜末、盐拌匀。

②小虾腌渍一会儿后加入干面粉，调匀。

③锅内倒入植物油，烧至七八成热时将裹了干面粉的小虾放入油锅炸，多翻几次，待小虾呈金黄色时即可捞出。

煎银鳕鱼

原料

银鳕鱼2块，柠檬汁少许

调料

盐、胡椒粉、生抽各少许，植物油适量

做法

①银鳕鱼去皮，加少许盐、生抽、胡椒粉腌渍一会儿。

②将平底锅加热，不要往里面加植物油。在银鳕鱼块的两面刷上植物油，至锅烧至七成热时，放入银鳕鱼块。

③煎3分钟，翻面，再煎2分钟即可出锅。

④出锅后，在银鳕鱼块上滴上柠檬汁即可。

红烧小黄鱼

原料

小黄鱼4条，姜片、葱花各适量

调料

盐1克，生抽5毫升，白糖3克，鸡精2克，料酒5毫升，植物油适量

做法

①小黄鱼洗净，备用。

②锅内倒入适量的植物油，开大火。

③油至七分热时放入姜片爆香，放入小黄鱼煎至两面呈微黄色，加入料酒、白糖、盐、生抽及水烧煮。

④鱼熟后，放入鸡精，撒上葱花即可。

土鸡钵

原料

土鸡块 500 克，香菜、姜片、清汤、辣椒各适量

调料

食用油、盐、料酒、酱油、味精、花椒、桂皮各适量。

做法

①锅烧热后，放油，把花椒，姜片，桂皮放在油里炸一下，放土鸡块，炒匀。
②鸡肉炒成金黄色，放盐、辣椒、味精、酱油，再炒 2 分钟左右。放清汤，盖上盖子，汤烧开以后，将菜肴盛在钵中，放入香菜，放在炉子上炖。大火炖 5 分钟后，放入料酒。改小火炖熟，即可食用。

火龙果炒虾仁

原料

虾仁 200 克，火龙果半个，黄瓜 100 克

调料

盐 3 克，鸡精 1 克，料酒 5 毫升，淀粉 4 克，水淀粉 8 毫升，白糖 1 克，植物油适量

做法

①虾仁去虾线，洗净，用 1 克盐、3 毫升料酒、淀粉拌匀，腌渍一会儿。
②火龙果肉，切小块；黄瓜去皮，切斜片。
③锅中水烧开，放入黄瓜焯 1 分钟。
④起油锅，放入虾仁，滑炒 2 分钟，倒入料酒，放入黄瓜，炒匀。放入火龙果，炒匀。
⑤放入盐、鸡精、白糖、水淀粉，炒匀即可。

盐烤三文鱼头

原料

三文鱼头 1 个

调料

柠檬汁 10 毫升，盐、橄榄油、黑椒碎各适量

做法

①三文鱼头撒上适量盐、黑椒碎抹匀，挤入柠檬汁腌渍 10 分钟。

②平底锅烧热，倒入橄榄油，放入三文鱼头，用中火煎 1 分钟，翻面，再煎 1 分钟，煎至两面金黄。

③将煎好的三文鱼盛入盘中即可。

木瓜烩鱼唇

原料

去皮木瓜 120 克，鱼唇、板栗肉各 80 克，白菜苔 20 克

调料

盐 2 克，鸡粉 2 克

做法

①木瓜肉切块；鱼唇切成条。

②锅中清水烧开，倒入鱼唇中火煮 10 分钟。

③倒入木瓜、板栗肉、拌匀，续煮 10 分钟。

④放入白菜苔，加盐、鸡粉拌匀，煮至白菜苔断生。

⑤关火后将煮好的食材盛入碗中即可。

川味胖鱼头

原料

胖鱼头 1 个，剁椒、泡椒各适量，大蒜、生姜各 10 克，豆豉、葱花各适量

调料

白糖、鸡精各 2 克，料酒 3 毫升，生抽、鲜味汁各 4 毫升，盐、食用油各适量

做法

①将鱼头洗净，从鱼唇正中一劈为二，均匀地摸上适量盐，淋入料酒，腌渍10分钟。

②将大蒜、生姜、豆豉、泡椒剁碎。

③锅中注入适量食用油烧热，倒入蒜末、姜末、豆豉、剁椒、泡椒爆香，盛出，待用。

④鱼头放入锅中用油煎香，倒入爆香的剁椒料，加入生抽、鲜味汁、白糖、鸡精、盐，注入适量清水，熬煮至汤汁变浓。

⑤将煮好的食材盛出，撒上葱花即可。

浇汁鳜鱼

原料

鳜鱼 1 条，蒜片适量

调料

盐 3 克，白糖 3 克，米醋 5 毫升，料酒 7 毫升，生抽 5 毫升，淀粉、番茄酱、食用油各适量，芝麻油、高汤各少许

做法

①将鳜鱼去鳞去鳃，收拾干净，然后把鱼肚两侧用刀斜着切片但不能切透。

②将料酒、盐均匀地抹在鱼头和鱼肉上，裹上淀粉，每一片都抹好，抖去余粉。起油锅，油烧至八分热时，鱼头朝下用勺子往鱼身上浇热油，使鱼定型，定型后将鱼放入锅中炸熟，至呈金黄色时捞起，放入盘中。

③将番茄酱倒入碗中，加入高汤，调匀。再放入白糖、米醋、生抽，制成调味汁。

④锅内倒入少许油，放入蒜片煸香，下入调味汁，烧开后淋入芝麻油。起锅，浇在鱼上即可。

黄金虾球

原料

鲜虾 250 克，土豆 200 克，面包糠适量，鸡蛋 2 个

调料

盐、淀粉、料酒、食用油各适量

做法

①土豆去皮，切片，放入蒸锅蒸熟。鸡蛋搅打成液。

②将虾去除虾壳和虾线，洗净（保留虾尾部分），加入少许盐和料酒腌渍入味。

③取出蒸熟的土豆片放入保鲜袋，用擀面杖压成泥，取出放碗里，加少许盐和淀粉搅拌均匀。

④取一只虾，留出虾尾，其余部分用土豆泥裹住。

⑤将做好的虾球放蛋液里滚一下，再裹上面包糠后装盘待用。

⑥将虾球放入五六成热的油里炸 3 分钟，取出后放厨房纸上吸油后装盘即可。

孜然鱿鱼须

原料

鱿鱼须 200 克，韭菜 100 克，干辣椒 10 个，孜然 10 克，姜片、蒜片各适量

调料

盐 4 克，鸡粉 4 克，料酒 10 毫升，蚝油 6 克，豆瓣酱 5 克，食用油、辣椒油各适量

做法

①鱿鱼须切段。
②韭菜洗净切段。
③锅中注水烧热，倒入鱿鱼须，加料酒和盐拌匀，焯至断生后捞出。
④用油起锅，倒入姜片、蒜片，放入豆瓣酱煸香。
⑤倒入干辣椒炒出辣味，加适量清水，放入剩余的盐、鸡粉、蚝油调味。
⑥放入鱿鱼须拌匀，撒上孜然，翻炒至熟透，淋入辣椒油拌匀。
⑦收干汁后转到干锅即可。

酥炸大虾

原料

大虾 10 只，鸡蛋清适量，面粉、面包屑各少许

调料

料酒、椒盐各少许，植物油适量

做法

①大虾去虾线。放入料酒、椒盐，腌渍一会儿。

②裹上面粉、鸡蛋清，再均匀地裹上面包屑，备用。

③锅中注油，烧至七成热时，将虾放到油中炸至呈金黄色，捞出沥干油，摆盘即可。

干炸小银鱼

原料

小银鱼 200 克，鸡蛋 1 个，面粉 60 克

调料

盐 2 克，淀粉 15 克，植物油适量

做法

①小银鱼用水清洗两次，捞出，沥干水分，备用。

②将面粉、淀粉放入碗中，打入鸡蛋，放入盐，搅打均匀，制成面糊。

③将小银鱼倒入面糊中，均匀地裹上面糊。

④锅中注植物油烧热，将小银鱼倒入锅中，炸至呈金黄色，捞出即可。

烤乳鸽

原料

鸽子 500 克，洋葱末、蒜末各适量

调料

盐、胡椒粉、蜂蜜各适量

做法

①将鸽子处理干净，备用。

②将洋葱末、蒜末、盐、胡椒粉均匀抹在鸽子表面和腹腔，腌渍 5 小时。

③鸽子汆水后晾干。

④表面刷蜂蜜，放入烤箱，温度设定 200°，烤 45 分钟即可。

红烧武昌鱼

原料

武昌鱼 1 条，葱、姜、蒜各适量

调料

料酒 7 毫升，盐、淀粉、食用油、番茄酱、米醋、白糖、鸡精各适量

做法

①在鱼身的两面划几刀，用盐、料酒腌渍 10 分钟。葱、姜、蒜切末，备用。

②用淀粉裹上武昌鱼，并抖落多余的淀粉。

③起油锅，将鱼放入锅内，煎至熟，捞出。

④锅内放少许油，放入葱、姜、蒜，爆香。加入番茄酱、米醋、白糖、鸡精，烧开，制成汤汁。

⑤将做好的汤汁浇在武昌鱼上即可。

香煎罗非鱼

原料

罗非鱼1条，葱、姜各适量

调料

盐、料酒、食用油各适量

做法

①鱼肉划刀，用料酒和盐擦鱼身，腌渍15分钟左右；葱切段；姜切片。

②热油锅，把鱼放下去，大火煎35秒，然后改中小火煎3分钟，中途无须动锅。

③3分钟后，翻面，继续先用大火煎35秒，然后改小火煎3分钟，中途无须动锅。

④煎到两面呈金黄色，将葱段和姜片放进去炸香，用中火适当煎两三分钟，待鱼完全熟透，即可出锅装盘。

香酥鱿鱼

原料

鱿鱼1条，低筋面粉、鸡蛋、面包屑各适量

调料

盐1克，料酒5毫升，植物油适量

做法

①鱿鱼去皮、去内脏，除去鱿鱼须子部分。切成块，加盐、料酒，充分搅匀，腌渍5分钟。

②3个容器，依次放入低筋面粉、打好的鸡蛋液、面包屑，同时按这个顺序，将腌渍好的鱿鱼块依次裹上面粉、蛋液、面包屑。

③锅中油加热至七成热时转小火，放入鱿鱼块，炸至呈金黄色捞出即可。

蒜薹小河虾

原料

蒜薹 100 克，小河虾 200 克，红椒 30 克

调料

盐 3 克，鸡粉 3 克，蚝油 5 克，水淀粉、食用油各适量

做法

①红椒切粗丝。蒜薹切长段。

②用油起锅，倒入河虾，炒至其呈亮红色。

③放入红椒丝、蒜薹，大火翻炒至其变软，加入盐、鸡粉、蚝油。

④用水淀粉勾芡，至食材入味。

⑤关火后将炒好的食材盛入盘即可。

文蛤蒸蛋

原料

鸡蛋 3 个，文蛤 150 克，蟹棒、胡萝卜丁、葱花、蒜末各适量，熟豌豆 10 克

调料

盐 2 克，食用油适量

做法

①蟹棒、去皮胡萝卜切成细丁，分别放入沸水锅中焯熟，捞出待用。

②鸡蛋打入碗中，搅散；加入水和盐，水和鸡蛋液的比为 1 ∶ 2。鸡蛋液中放入文蛤待用。蒸锅注水烧开，放入鸡蛋液，加盖，大火蒸 8 分钟。取出，撒上蒜末、熟豌豆、蟹棒丁、葱花、胡萝卜丁浇上热油即可。

家乡酸菜鱼

原料

草鱼 1 条，酸菜 80 克，小米椒 20 克，蛋清、香菜、蒜末、姜片、葱段各适量

调料

盐 4 克，白糖 3 克，米醋 5 毫升，胡椒粉 3 克，料酒、生粉、花椒、食用油各适量

做法

①小米椒斜切成段；洗好的酸菜切成段；香菜切末。

②鱼身对半片开，将鱼骨与鱼肉分离，鱼骨斩成段。片开鱼腩骨，切成段。将鱼肉切成薄片，装入另一个碗中，加入盐、料酒、蛋清，拌匀，再倒入生粉，充分拌搅拌均匀，腌渍 3 分钟入味。

③热锅注油，放入姜片、蒜末、花椒爆香，放入鱼骨，炒至香，加入小米椒、葱段、酸菜，炒香，注入 700 毫升清水，煮沸，续煮 3 分钟。

④盛出鱼骨和酸菜，汤底留锅中。把鱼片倒入锅中，放入盐、白糖、胡椒粉、米醋，稍稍拌匀后继续煮至鱼肉微微卷起、变色。将鱼肉盛入碗中，撒上香菜末即可。

鲜椒小花螺

原料

花螺 200 克，豌豆 70 克，红椒圈 30 克，葱段、姜片各适量

调料

盐 3 克，料酒、生抽、蚝油各 5 毫升，鸡粉 3 克，水淀粉、食用油各适量

做法

①锅中注入适量清水烧开，倒入洗净的花螺，略煮一会儿，淋入少许料酒，焯去腥味。
②将煮好的花螺捞出，沥干水分，装入盘中，备用。
③倒入豌豆，煮至断生后捞出待用。
④热锅注油，倒入部分葱段、姜片、红椒圈，翻炒出香味。
⑤倒入花螺，快速翻炒片刻。
⑥加入盐、料酒、生抽、蚝油、鸡粉，炒匀调味。
⑦放入剩余的葱段，倒入少许水淀粉，翻炒片刻，使食材更入味。
⑧关火后将炒好的花螺盛出，装入碗中即可。

花刀鲍鱼

原料

鲍鱼 200 克，红椒 50 克，青椒 50 克，姜片、葱结各适量

调料

盐 3 克，鸡粉 3 克，白糖 3 克，生抽、老抽、蚝油各 5 毫升，料酒、食用油各适量

做法

①洗净的鲍鱼取下肉质，去除内脏，切花刀。

②红椒切末；青椒切末。

③锅内注水烧开，放入鲍鱼，淋入少许料酒提味，拌煮约半分钟至断生，捞出待用。

④用油起锅，放入葱结、姜片，用大火爆香。

⑤放入汆好的鲍鱼、红椒、青椒，炒匀。

⑥淋入少许料酒，翻炒香。

⑦注入适量清水，加入蚝油，拌炒匀。

⑧淋上适量的生抽、老抽，拌匀上色，加盐、鸡粉、白糖调味，炒匀。

⑨将鲍鱼盛入盘中即可。

冷吃鱼

原料

草鱼 600 克，葱段、熟白芝麻、姜片各适量，干辣椒 30 克

调料

料酒 10 毫升，淀粉 100 克，盐 4 克，鸡粉 3 克，花椒 30 克，食用油适量

做法

①干辣椒切成段。
②草鱼宰杀清洗干净，去头尾，顺鱼背劈成两半，切块。
③将切好的鱼块用盐、料酒、葱段、姜片腌渍 30 分钟至入味。
④起油锅，烧至六成热，将鱼块表面裹上一层干淀粉，放入油锅中，炸至金黄色。
⑤捞出油炸好的鱼块，沥干油，待用。
⑥锅底留油，倒入炸好的鱼，再倒入干辣椒、花椒翻炒匀。
⑦加入鸡粉、盐翻炒至入味。
⑧关火，将炒好的鱼块盛入盘中，撒上适量熟白芝麻，待冷却后食用味道更好。

蒜蓉菠菜

原料

菠菜1把，大蒜1头

调料

盐1克，姜片5克，白糖3克，鸡精2克，玉米油适量

做法

①菠菜洗干净，切段；大蒜切成蓉。

②锅里放水烧开，放入姜片、少许盐、白糖和少许玉米油。

③放菠菜焯一下，捞起沥干水分。

④热油锅，把蒜蓉爆香。

⑤倒入菠菜快速翻炒一下，放剩余的盐和鸡精调味即可。

清蒸富贵鱼

原料

富贵鱼1条，红椒丝、葱丝、姜片、葱结各适量

调料

蒸鱼豉油8毫升，食用油适量

做法

①富贵鱼处理干净，鱼肚里塞入姜片、葱结，放入盘中，待用。

②蒸锅注水烧开，放入富贵鱼，大火蒸8分钟。

③揭盖，取出蒸好的鱼，拣出姜片和葱结，再放上葱丝、红椒丝。

④热锅注油烧至五成热，将热油浇在鱼上，周围浇上蒸鱼豉油即可。

香辣虾

原料

鲜虾300克，洋葱50克，甜椒50克，姜片、葱段各适量

调料

白糖、盐、鸡粉、陈醋、料酒、生抽、辣椒油、蒜蓉辣酱、食用油、水淀粉各适量

做法

①洋葱切块；鲜虾洗净去虾线。

②热锅注油，倒入姜片、葱段，爆香。放入虾仁、洋葱、甜椒炒匀。倒入蒜蓉辣酱，加入料酒、生抽、适量清水。倒入盐、白糖、鸡粉、陈醋、水淀粉，炒至入味。

③加入辣椒油，翻炒片刻至熟装盘即可。

清蒸鲈鱼

原料

鲈鱼1条，姜片、葱丝、红椒丝各适量

调料

蒸鱼豉油10毫升，食用油适量

做法

①处理干净的鲈鱼从背部切开，放入盘中，放上姜片，待用。

②蒸锅注水，放入鲈鱼，加盖，大火蒸7分钟至熟。

③揭盖，取出鲈鱼，撒上葱丝、红椒丝。

④热锅注油，烧至七成热。

⑤将烧好的油浇在鲈鱼上。

⑥热锅中加入蒸鱼豉油，烧开后浇在鲈鱼周围即可。

干锅虾

原料

虾 500 克，姜片 20 克，香菜叶少许

调料

盐 3 克，生抽、辣椒油、料酒、食用油各适量

做法

①虾去虾线，放盐、姜片、料酒拌匀腌渍 15 分钟。

②锅中加适量食用油，烧至五成热，放入虾，拌匀炸至转色熟透。

③锅留底油，放入姜片爆香，倒入虾，加生抽、辣椒油炒匀。

④盛出装入干锅里，放上香菜叶点缀即可。

铁板粉丝生焗虾

原料

小虾 500 克，粉丝 200 克，蒜蓉 50 克，姜末 20 克，葱花 20 克

调料

盐、鸡粉、生抽、食用油各适量

做法

①起油锅，将处理干净的虾入锅内炒至变色，加盐炒匀，捞出备用。

②另起油锅，下入泡发的粉丝炒熟，加盐炒匀，捞出摆入铁板上。

③锅中热油，加入蒜蓉、姜末、盐、鸡粉、生抽炒匀炒香，做成调味汁，盛出备用。

④将炒熟的虾摆在粉丝上，调味汁摆在虾上，撒上葱花即可。

葱香烤带鱼

原料

带鱼段400克，姜片5克，葱段7克

调料

盐、白糖、料酒、生抽、老抽、食用油各适量

做法

①带鱼段两面划上一字花刀，装入碗中，再放入姜片、葱段，倒入盐、白糖、料酒、生抽、老抽，拌匀，腌渍20分钟。

②在铺好锡纸的烤盘上刷上食用油，放上带鱼。放入上下温度调为180° 的烤箱，烤18分钟即可。

芝麻烤鸡

原料

童子鸡1只，芝麻适量

调料

奥尔良烤翅腌料、蜂蜜各适量

做法

①童子鸡清洗干净，用奥尔良烤翅腌料腌渍一夜。

②烤箱预热至220℃，将腌好的鸡放入烤箱。

③烤15分钟，取出，刷上一层奥尔良烤翅腌料和蜂蜜，翻面。

④继续烤15分钟，取出，刷奥尔良烤翅腌料，再翻面，烤10分钟左右。

⑤取出，撒上芝麻，继续烤5分钟左右即可。

糖醋鱼块酱瓜粒

原料

鱼块 300 克，鸡蛋 1 个，黄瓜 40 克

调料

番茄酱 10 克，盐、鸡粉、白糖、生粉、水淀粉、食用油各适量

做法

①黄瓜切丁。

②鸡蛋打入碗中，撒入生粉、盐，适量清水，拌匀。

③将鱼块放入蛋液中，搅拌匀。

④热锅注油，烧至四五成热，放入鱼块，小火炸 3 分钟至鱼块熟透，捞出待用。

⑤锅中注入水烧热，加入少许盐、鸡粉，撒上少许白糖，拌匀。

⑥倒入番茄酱，快速搅拌匀，加入水淀粉，调成稠汁，待用。

⑦取一个盘子，盛入炸熟的鱼块，浇上酸甜汁，再撒上黄瓜丁即可。

清蒸多宝鱼

原料

多宝鱼 400 克，姜丝、红椒各 35 克，葱丝 25 克，姜片 30 克，葱段少许

调料

盐、鸡粉各少许，芝麻油 4 毫升，蒸鱼豉油 10 毫升，食用油适量

做法

①红椒切成丝。

②多宝鱼放入姜片，撒上少许盐，腌渍一会儿。

③蒸锅上火烧开，放入装有多宝鱼的盘子，盖上盖，用大火蒸10分钟，至鱼肉熟透。

④关火后揭开盖，取出蒸好的多宝鱼，趁热撒上姜丝、葱丝，放上红椒丝、葱段，浇上热油，待用。

⑤用油起锅，注入少许清水，倒上适量蒸鱼豉油，加入鸡粉，淋入芝麻油，拌匀，用中火煮片刻，制成味汁。

⑥关火后盛出味汁，浇在蒸好的鱼肉上即可。

鱿鱼丸子

原料

鱿鱼 120 克，花菜 130 克，洋葱 100 克，南瓜 80 克，肉末 90 克，葱花少许

调料

鸡粉 4 克，生粉 10 克，黑芝麻油 2 毫升，叉烧酱 20 克，盐、水淀粉各适量

做法

①花菜、南瓜切块；洋葱剁成末；鱿鱼剁成泥状。

②花菜、南瓜焯水至断生备用。

③把鱿鱼肉放入碗中，加入肉末，顺一个方向拌匀，放少许盐、鸡粉、生粉，拌匀，倒入洋葱末拌匀，淋入适量黑芝麻油，撒上少许葱花拌匀制成肉馅。

④将肉馅挤成肉丸，放入沸水锅中，煮约 5 分钟至肉丸熟透捞出。

⑤将花菜、南瓜摆入盘中，放上肉丸。

⑥起锅，倒入适量清水，加入适量叉烧酱，搅拌均匀，煮沸，放入少许盐、鸡粉，拌匀调味，倒入适量水淀粉，调成稠汁，浇在盘中食材上即可。

虾仁米线

原料

粗米线、姜丝、葱花、蒜末、豆芽菜各适量，鸡蛋 2 个，鲜虾 10 个

调料

十三香、盐、料酒、胡椒粉、酱油、食用油各适量

做法

①虾去皮，用姜丝、料酒、胡椒粉、盐拌匀备用，鸡蛋打散。

②豆芽菜洗净备用。

③粗米线用水泡至稍软即可。

④锅内加适量油，烧热，加入鸡蛋炒熟盛出。油起锅，放入料酒、胡椒粉、虾仁，将虾仁炒至变色盛出备用。

⑤锅里热油连续放入葱花、蒜末、豆芽菜，翻炒几下，再放入适量十三香、盐、酱油。

⑥豆芽菜炒至变软稍稍出水，放入泡好的粗米线翻炒均匀。

⑦待炒匀后，加入之前炒好的虾仁和鸡蛋，继续翻炒至均匀，然后装盘即可。

虾仁蒸水蛋

原料

鲜虾 80 克，鸡蛋 3 个，蒜末、葱花各适量

调料

盐 2 克，食用油适量

做法

①虾去虾线、虾壳。鸡蛋打入碗中，搅散，加入适量水、盐，水和鸡蛋液的比为 1 ∶ 2，再摆上虾仁，待用。

②蒸锅注水烧开，放入鸡蛋液，加盖，大火蒸煮 8 分钟。

③取出蒸煮好的鸡蛋羹，撒上蒜末。热锅注油，烧至五成热，浇在食材上，撒上葱花即可。

三鲜豆腐

原料

豆腐 100 克，蟹味菇 90 克，虾仁 80 克，葱花适量

调料

盐 2 克，鸡粉 2 克，芝麻油适量

做法

①豆腐切块。

②蟹味菇择成小朵。

③虾仁去虾线。

④锅内注水烧开，倒入虾仁、豆腐、蟹味菇，中火煮 8 分钟。

⑤揭盖，加入盐、鸡粉、芝麻油拌匀。

⑥关火，将食材盛入碗中，撒上葱花即可。

松仁菠菜

原料

菠菜 270 克，松仁 35 克

调料

盐 3 克，鸡粉 2 克，食用油 15 毫升

做法

①洗净的菠菜切三段。

②冷锅中倒入油，放入松仁，小火炒香。

③盛出炒好的松仁，装碟，撒上少许盐，拌匀，待用。

④锅留底油，倒入菠菜，大火炒熟，加入剩余的盐、鸡粉，炒匀。

⑤盛出炒好的菠菜，装盘，撒上拌好盐的松仁即可。

辣炒花甲

原料

花甲 500 克，芹菜、洋葱各 80 克，朝天椒 3 个，姜片 20 克

调料

盐、豆瓣酱、料酒、食用油各适量

做法

①芹菜切段；洋葱切丝；朝天椒切圈。

②把花甲放入沸水锅中，加盐，加少许料酒拌匀，煮沸，使花甲开壳去沙和杂质，捞出，冲洗干净。

③起油锅，放入姜片、豆瓣酱爆香，放入花甲，淋入料酒炒香。

④放入芹菜、洋葱、朝天椒，炒至熟软，盛出装盘即可。

蓝莓山药

原料

1 根山药，100 克蓝莓果酱

调料

50 克冰糖

做法

①将山药去皮，切成大约 5 厘米长、1 厘米宽的长条状。

②将冰糖溶入水中，制成冰糖水。

③将去皮后的山药条放入沸水中煮熟。

④将山药捞出后凉凉，在冰糖水中浸泡 1 小时左右。

⑤摆盘，将蓝莓酱淋在山药条上即可。

香焖牛肉

原料

切好的牛肉 200 克，姜片、大蒜各适量

调料

盐、生抽、黄豆酱、八角、草果、水淀粉、食用油各适量

做法

①热锅注油烧热，倒入大蒜、姜片、八角、草果炒香。

②淋入生抽，倒入黄豆酱，翻炒上色。

③倒入牛肉，注入少许清水，加入盐，快速炒匀。

④盖盖，煮开后转小火焖至熟软。

⑤揭盖，淋入少许水淀粉，翻炒片刻收汁即可。

辣椒滑炒肉

原料

猪肉 200 克，辣椒 60 克，葱段、姜片各适量

调料

盐 5 克，生抽 5 毫升，醋 8 毫升，料酒 10 毫升，食用油适量

做法

①辣椒清洗干净，剖开后去掉白色的筋和辣椒子。

②将辣椒切成段。猪肉切成片，加入 3 克盐、料酒、少许食用油，拌匀后腌渍 10 分钟。

③锅里放适量油，油热后将肉片下锅，不断滑炒肉片。

④加入醋、生抽、葱段、姜片爆香，加入辣椒段、盐翻炒均匀即可出锅。

熘腰花

原料

鲜猪腰、葱末、姜末、蒜末各适量

调料

盐、味精、水淀粉、酱油、白糖、料酒、香油、食用油各适量

做法

①猪腰去腰臊，切花，放入碗中，加少许盐、酱油、料酒拌匀，腌渍入味。将盐、酱油、白糖、味精、料酒、水淀粉等调成味汁。

②锅中油烧至八成热，下猪腰，炒至断生，捞出。锅中留底油，放入葱末、姜末、蒜末炝锅，再投入腰花，烹入味汁，炒匀后淋入香油即可。

萝卜丝酥

原料

面粉 500 克，萝卜 1000 克，葱花、板油各 75 克，熟火腿末、猪油各 200 克

调料

白糖 10 克，味精 2.5 克，盐、食用油适量

做法

①制馅：将萝卜洗净，去皮，切丝，加盐腌渍 1 小时后，挤去水分，加白糖、味精、板油末、葱花、熟火腿末，拌好备用。

②制干油酥：取 250 克面粉，和入 125 克猪油，揉至油粉合为一体，即成干油酥。

③制水油面团：取 250 克面粉，加猪油 75 克、水 100 毫升，和成水油面团。

④制饼坯：用水油面包上干油酥面团，按扁；把油酥面团擀成 6 毫米厚的面片，拍叠成 3 层，擀平；再折叠一次，重新擀平；由外向里卷成长条筒；以刀居中，顺长一剖为二；长条切口朝下，切成 20 个坯子。将坯子挤压成中厚边薄的圆形面皮，包上馅心，收口。做成之后略压一下，使酥饼呈扁圆形。

⑤炸制：炸饼坯时，油温控制在五成油温 (100℃左右) 内炸制。待酥饼浮上油面，外壳油亮、坚挺时就可捞出装盘。

菠萝虾仁炒饭

原料

香水菠萝 1 个，米饭 1 大碗，基围虾、胡萝卜、豇豆各适量，鸡蛋 2 个

调料

盐、鸡粉、食用油各适量

做法

①香水菠萝洗净，揭去顶盖，用勺挖出果肉，切小粒备用。

②米饭煮好（最好用香米）备用。

③基围虾去头壳，挑去虾线，把虾仁切小粒；胡萝卜切小粒，鸡蛋打散。

④炒锅注油烧热，倒入豇豆和胡萝卜粒翻炒至熟，再倒入虾仁粒炒至变色后盛出备用。

⑤炒锅放油烧热，中火，把打好的鸡蛋液倒入略炒，倒入米饭炒匀。

⑥把炒熟的虾仁、豇豆等倒入，最后倒入菠萝粒，加适量盐、鸡粉，炒匀即可。

阳光椰香奶

原料

【奶冻】纯牛奶 250 毫升，淡椰浆 50 毫升，糖 40 克，玉米淀粉 40 克，泡打粉 4 克

【脆皮】牛奶 60 毫升，淡椰浆 20 毫升，盐、面粉、淀粉各适量

调料

食用油适量

做法

①将奶冻原料全部倒入碗中，搅拌均匀。

②平底锅小火加热，将搅拌均匀的奶冻原料倒入锅中，用勺子不停地搅拌，待变成厚实的奶糊时关火。把奶糊倒入容器中，盖上盖，冷冻 1 小时。

③把脆皮原料中的牛奶和淡椰浆混合，加入面粉和盐，调成脆皮浆面糊。

④拿出冷冻好的奶冻，用刀蘸水切成小块。盘中撒些淀粉，让奶冻沾满淀粉，再让沾淀粉的奶冻沾上脆皮浆面糊。

⑤锅里多放点油，烧到六成热，把挂好浆的奶冻放进去炸，一定要小火慢炸，炸到呈金黄色即可出锅。

蟹黄蒸烧卖

原料

面粉 500 克，猪肉 250 克，冬菇 100 克，冬笋 50 克，蟹黄 150 克

调料

芝麻油 50 毫升，盐 3 克，酱油 5 毫升，糖 2 克，胡椒粉、味精各 4 克

做法

①和面：面粉置于案板上开窝，用温水和成面团，揉光待用。

②制馅：猪肉剁碎，冬菇、冬笋切碎，肉放入盆内，加所有调料，分次加入凉水，搅打至肉有黏性时放入冬菇、冬笋，拌匀即成馅心。

③成形：将面团搓条揪成剂子（每个 12 克左右），把剂子擀成小圆皮，包入馅心，在馅心上加适量蟹黄，然后用粽叶系紧收口，制成生坯。

④熟制：将生坯上笼，旺火蒸 8 分钟即成。

豆沙春卷

原料

速冻春卷皮 1 袋，豆沙、蛋清各适量

调料

食用油适量

做法

①春卷皮解冻。豆沙取适量放到春卷皮上。

②从下向上卷，卷住馅料后再把左右两边的皮向中间折，封住两端的开口。在封口处抹些蛋清，包好。

③用适量的油以中小火煎炸春卷，至春卷外皮金黄即可。

焦酥香芋饼

原料

槟榔芋头 500 克，鸡蛋 1 个，面包糠 50 克

调料

盐 1 克，白糖 10 克，葱油 5 克，色拉油 1000 克

做法

①取槟榔芋头放入蒸笼中蒸熟，去皮搅烂，加入葱油、盐、白糖拌匀，然后制成直径为 5 厘米的饼坯 12 个。

②取鸡蛋打散，放入饼坯裹上蛋液，取出后沾上面包糠。

③油锅置火上，待油温约五成热时，将已做好的饼坯放入，小火炸至芋饼外皮呈金黄色、内断生时捞起，摆入盘中即可上桌。

玉米发糕

原料

玉米面 500 克，面粉 100 克，酵母粉少许，葡萄干适量

做法

①将玉米面、面粉放入盆中，加入少许的酵母粉，用温水和成面团，醒发 20 分钟。

②面团醒发后，将洗干净的葡萄干放入揉均，装入垫了纱布的蒸锅中，再醒发 10 分钟，用旺火沸水蒸 15 分钟。

③出锅后翻于案板上凉凉，然后再切成菱形块即成。

五彩豆腐皮卷

原料

豆腐皮 1 张，胡萝卜半根，黄瓜半根，鸡蛋 2 个，菠菜 3 棵，火腿 1 片

调料

盐、食用油各少许

做法

①将胡萝卜切丝；菠菜、豆腐皮分别焯水；火腿切丝；黄瓜切丝。

②将鸡蛋打入碗中，加盐搅匀，平底锅加少许油，双面煎蛋饼。

③豆腐皮上面放鸡蛋饼，放各种蔬菜、火腿丝，卷起。卷好后，切块，排盘即可。

南瓜饼

原料

南瓜 250 克，糯米粉 250 克，奶粉 25 克，白砂糖 40 克，豆沙馅 50 克

调料

食用油适量，猪油 30 克

做法

①将南瓜去皮，洗净切片，上笼蒸酥，趁热加糯米粉、奶粉、白砂糖、猪油，拌匀，糅和成南瓜饼皮坯。

②豆沙搓成馅心，用南瓜饼坯包上，压成圆饼。锅内注入油烧热，待油温升至 120℃时，把南瓜饼放在漏勺内，入油中用小火浸炸，至南瓜饼膨胀，捞出；待油温升至 160℃时再下入饼，炸至发脆时即好。

香煎土豆饼

原料

土豆 1 个，鸡蛋 1 个，面粉 2 勺，葱花少许

调料

盐、胡椒粉、鸡精各少许，食用油适量

做法

①土豆擦丝，鸡蛋打散。

②依次加入盐、鸡蛋、葱花，搅拌均匀。

③加胡椒粉、鸡精继续搅拌均匀，加面粉，搅拌均匀（不能太稀）。

④油加热到八成热时，将土豆丝下锅，小火煎至两面呈金黄色，出锅。

麻饼

原料

面粉 350 克，枣泥馅 300 克，芝麻 100 克

调料

菜籽油 70 克，白糖、糖板油各 100 克，苏打少许

做法

①将面粉倒在案板上，围成盆形，放入白糖、菜籽油、苏打、清水拌揉均匀，再平摊搓成长条，揪出小剂子 16 块。糖板油切成小丁，与枣泥馅拌匀制成馅料，分成 16 份备用。
②将小剂子擀成皮，包入馅料，捏拢收口，拍擀成圆饼，在圆饼上沾匀芝麻，做成生坯。
③将生坯码入烤盘内，放入烤炉内烘烤至两面呈黄色，至熟即可。

奶香窝窝头

原料

玉米面 100 克，小米面 100 克，白糖 30 克，牛奶 140 克

做法

①把玉米面、小米面和白糖混合到一起，加入温牛奶，和成光滑的面团。
②盖上湿布，让面团醒 10 分钟。
③把面团搓成长条，切成相同大小的小剂子。
④拿一个小剂子，揉圆，捏成窝窝头，依次做好，放入笼中。
⑤放入蒸锅，上汽后再蒸 10 分钟即可。